JN098911

日常は数であふれている

解き続け たくなる

数学

普段の考え方や見かたを変えると世界が変わる

ひらめき数学的思考法

横山明日希 著

日東書院

はじめに

　あなたは数学に対してどのようなイメージを持っていますか。「難しい」「計算が多い」「公式がたくさん出てくる」など、いわゆるネガティブなイメージばかり連想される人もいれば「楽しい」「解けたときが気持ちいい」など、ポジティブなイメージが連想される人もいるはずです。

　小学校の算数から始まり、中学、そして高校の数学で苦労した人の多くは「急に授業で何を言っているのか分からなくなった」や「正解ができず点数がとれなくなって嫌になった」など、何か苦手になったきっかけがあったことでしょう。筆者自身も同じような経験を中学生のときにしたので、非常に共感する部分はあります。

　一方、人は「考えること」や「知ること」が好きな生き物です。知らないことに興味を持つところから科学は発展し、今日を迎えています。この「考えること」そして「知ること」を気軽にできる題材として、数学は活用できるのです。本書はまさにそこに特化した本となります。

本書でとりあげた問題の多くは「数学の知識を
ほぼ必要とせずに工夫次第で解ける問題」となっ
ています。じっくりと考えていくことで答えまでの道
筋が見えてきたり、ときにはひらめきによって解法
が見えてきたり…そう、本書において、解き方の制
限はありません。

　１日５分、１問だけ解いていく読み方で気軽に
読み始めてみましょう。日常に潜む数学の話、難し
い数式を除いた考える楽しみが詰まった問題、計
算することで楽しむ問題など、本書に収録した問
題は様々な切り口で考える楽しさ、そして分かる楽
しさをあなたに届けることでしょう。

　答えが正解である必要はありません。考える楽し
さを体感してもらえれば、それでいいのです。数学
を気軽に楽しむ、それを実践してみてください。

横山　明日希

目　次

Question.01

難易度

エレベーターで
かかる時間

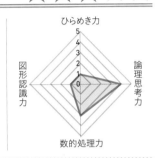

1 階から 5 階まで、
20 秒で行けるエレベーターがあります。
このエレベーターで
1 階から 10 階まで行くには何秒かかる?

HINT

　直感で答えても OK ですが、直感だと間違えることが多い問題です。よく状況をイメージして答えてみましょう。

7

Answer

45秒

解説　ひっかかりやすい問題として代表的。

　「5階の2倍の10階なんだから20×2＝40秒！」とすぐこの解説を見ている人も多いでしょう。実は正解は「45秒」です。

　図1を見てください。1階から5階まで昇るということは、5−1＝4階分昇ることになる、というところが、この問題の肝です。つまり、1階分昇るためには20÷4＝5秒かかることになります。10階までには10−1＝9階分昇ることになりますから、5×9＝45秒が答えになります。

　これは5本の木が1列に植えてあるとき、1本目の木から5本目の木まで、4個分の間隔しかないことと同じです（図2）。これは「植木算」と呼ばれる計算で、図などを使い場面を想像することで間違いにくくなる問題です。

図1

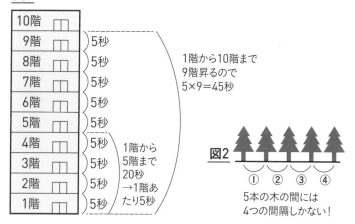

10階	
9階	⎫5秒
8階	⎫5秒
7階	⎫5秒
6階	⎫5秒
5階	⎫5秒
4階	⎫5秒
3階	⎫5秒
2階	⎫5秒
1階	⎫5秒

1階から10階まで
9階昇るので
5×9＝45秒

1階から
5階まで
20秒
→1階あ
たり5秒

図2

5本の木の間には
4つの間隔しかない！

Question.02

難易度

★★☆☆☆

1年でたった
1組だけの、
2つの月の共通点

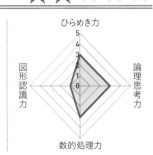

1年のうち、
月ごとのカレンダーがまったく同じになる
月（日数や日付ごとの曜日も一緒）は
何月と何月か？

HINT

　カレンダーを用意して実際に探してもよいかもしれません。少なくとも、2月と4月は日数が違いますので、一緒ではないはずですね。

Answer

うるう年ではない1月と10月
うるう年の1月と7月

解説 **意外と知らないカレンダーの秘密。**

この答えは、実際にカレンダーを見てみれば一目瞭然です。

同じになる訳は、うるう年の年は、7月1日が1月1日の182日後、つまりちょうど26週間後となり、同じ曜日となります（通常の年は10月1日が1月1日のちょうど39週間後）。同じ日数がある月の1日同士を比較して、ちょうど○週間後になるのはこの組み合わせのみです。

1月と7月の共通点（通常の年は1月と10月）

うるう年（2020年）　　　　　　　通常の年（2021年）

Question.03

難易度

四角のケーキを
4人で分けてみよう

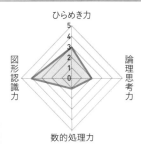

ひらめき力
論理思考力
数的処理力
図形認識力

正方形の形をしたケーキを 4 人で分けたい。
4 つを同じ形、同じ大きさにするには
どう切ったらよいでしょうか?

HINT

　ケーキの上に載っているイチゴなどのトッピングの
数などは無視して考えてください。
　また、答えは 1 つだけでしょうか? 思いつく限り考
えてみてください。

11

Answer

答えは無限にある！

中心からケーキのフチに向かって引いた線と同じ線を4方向に引けばよい
引く線は曲がった線でも折れた線でも可能です

解説 答えが無限にあるという問題も立派な1つの問題です。

　まずはじめに思いつく4人への分け方は、このような方法かと思います。

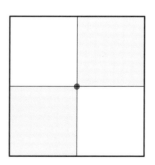 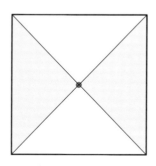

しかし、これ以外にも様々な切り方があります。

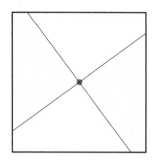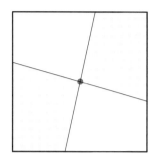

　たとえば、上の図のような切り方があります。これは、ケーキの中心を通し、少しだけ斜めに切った切り方です。

　ここで、あることに気づく人もいるかもしれません。それは、さらにもう少しだけ斜めに切ることで、また新しい切り方になるということです。このように考えていくと、切り方はいくらでもあることが分かります。

　そして、切る線がすべてまっすぐな直線ではない方法もあります。

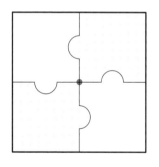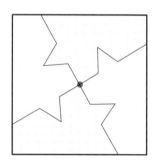

　たとえば上の図のような切り方。
　このように、答えが1つとは限らず、発想を変えていくと様々な答えが見つかるような問題もあるわけです。

　もしかしてこの方法もある…? というのが見つかったら、ぜひ試してみてください。

展開問題

正三角形の形をしたケーキを3人で分けたい。
3つを同じ形、同じ大きさにするにはどう切ったらよい?

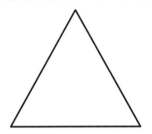

Answer

正方形のケーキ同様、中心からケーキのフチに向かって引いた線と同じ線を、3方向に引けばよいのです。

解説　キーワードは図形の「中心」。

正三角形の中心に向かって、それぞれの頂点からまっすぐに引いた線に沿って切れば3等分できます。

それ以外にも、中心を軸にその線を少し回した形でも3等分することが可能です。正方形のケーキと同様の考え方をすることが可能です。

頂点からまっすぐ　　　　　　　　同じ割合

Question.04

難易度

★★☆☆☆

おつりが
絶対にない
お金の用意の仕方

ひらめき力

論理思考力

数的処理力

図形認識力

1万円未満の買い物を現金でするとき、
金額がいくらだったとしても
おつりをできるだけ少なくするには、
紙幣と硬貨をそれぞれ何枚ずつ用意すればいい?
ただし、2,000円札は除きます。

HINT

　実際に買い物する場面を想像してください。想像
がしにくい場合は、実際に硬貨を手元に用意して考
えてみましょう。この問題を踏まえて、応用問題を考
えてもらいます。

15

Answer

(1) …4枚　(50) …1枚　| 1,000円 | …4枚

(5) …1枚　(100) …4枚　| 5,000円 | …1枚

(10) …4枚　(500) …1枚

解説　お金にまつわる数学の問題。まずは簡単に考えられる問題から。

　支払金額が 1 円〜 9 円の場合を考えると、一円玉は 4 枚、五円玉は 1 枚必要であることがわかります。

〈図 1〉

1 円	(1)				
2 円	(1)	(1)			
3 円	(1)	(1)	(1)		
4 円	(1)	(1)	(1)	(1)	
5 円	(5)				
9 円	(5)	(1)	(1)	(1)	(1)

10円以上の金額の場合ですが、9円以下と同様に、一の位の金額は一円玉は4枚、五円玉は1枚だけでまかなうことができます。

　つまり、十の位に注目して考えればOKで、同様に考えて十円玉4枚と五十円玉1枚もあれば10円から99円までつくることができます。

〈図2〉

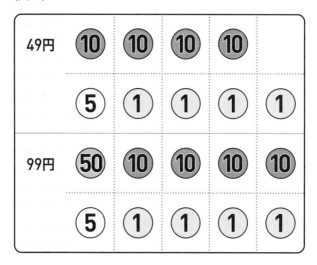

　同じように100円以上999円でも考えていけば、百円玉4枚と五百円玉1枚。1,000円以上9,999円以下で千円札4枚と五千円札1枚があれば、1円から9,999円までのお買い物でおつりを必要としないわけです。

　当たり前のように感じるかもしれませんが、日常生活で使っている数学的思考の1つなのです。

展開問題

　1万円未満のうち、値段に「9」がつかない金額の買い物を現金でするときは、紙幣と硬貨をそれぞれ何枚（個）ずつ用意すればよいでしょうか？

Answer

① …4枚　　50 …1枚　　1,000円 …4枚

⑤ …1枚　　100 …4枚　　5,000円 …1枚

⑩ …4枚　　500 …1枚

※Question.04と同じ答え

解説　104円など「4」がつく金額を忘れるべからず。

　Question.04と比べると、たとえば「59円」「192円」のように9がつく金額の買い物を除くことになるので、一円玉や十円玉などが1枚ずついらないように思うかもしれません。

　しかしながら、「140円」や「34円」など「4」がつく金額のときには一円玉や十円玉が4枚ずつ必要になることは変わらないのです。

難易度

計算された
ソーシャル
ディスタンス

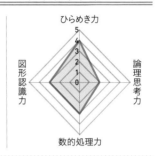

映画館で観客の前後左右に人がいないように
座れる席を配置します。
タテヨコ 15 席ずつある映画館では、
最大で何人分席を用意できるでしょうか？

HINT

　ぜひ、頭のなかだけで想像してみましょう。想像が
できない方は、図を実際に描いてみることをおすすめ
します。

Answer

113席

解説　**問題を解く上で大切なのは、イメージすること。**

前後左右に人がいないようにする、ということで、斜めには人が座ることが可能になります。

たくさんの人が座るようにするために、まずは角の席に1人目を座らせます。タテヨコはスペースを空ける必要がありますが、斜め後ろに座ることは可能です。

また、1つ飛ばした席も座ることができる…と考えていくと、いわゆるチェック柄のように座っていくことが可能です。

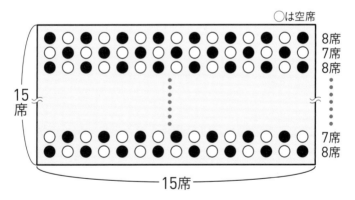

すると、一番前の列から

8席、7席、8席、…といった席をタテ方向に15席確保していくことができます。

合計すると113席となります。

難易度

星から
三角形を作ろう

この星に線を2本引くと三角形を9個作れます。
どこに引けばいいでしょう?

HINT

もともと三角形は5個あります。9個にするには4
個増やす必要があるわけですね。

三角形1個に対して、どのように線を引けば三角
形を2個にすることができるか考えてみましょう。

Answer

答えは図のとおり
（線の向きの違いなど、別解もあります）

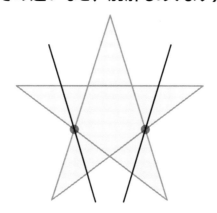

解説 **三角形は線を 1 本入れると 2 個の三角形になる。これをうまく使うと…**

答えは図のようになります。ポイントは、三角形の 1 つの角を通るように、そして反対側の辺を分けるように線を追加すると、2 個の三角形に分けることができる、ということです。

このような問題、特に何かの役に立つというわけではありませんが、頭のトレーニングになります。

たとえば 10 個の三角形を作れないか、何個まで三角形は作ることができるのか、直線を 3 本引けるようにすると何個の三角形が作れるのか…など。気になった方はぜひ取り組んでみてください。

Question.07

難易度

トーナメントと
総当たり戦、
どっちの大会にする?

ひらめき力
論理思考力
数的処理力
図形認識力

28人で将棋の試合をすることになりました。

勝ち上がりのトーナメントと、総当たりのリーグ戦。

どちらのほうが、

試合数が少なく抑えられるでしょうか。

また、どの程度試合数は多くなるでしょう?

HINT

　まずは、少ない人数で考えてみましょう。たとえば、4人のみのトーナメント、5人のみのトーナメントなどでの試合数を数えて法則を見つけてみましょう。

　総当たり戦についても、少ない人数で試してみるとよいでしょう。いずれも、試合表を書いてみると分かりやすいかもしれません。

Answer

トーナメント：27試合
$$28-1=27$$
総当たり戦：378試合
$$1+2+3+\cdots+27=378$$

解説 こんなに違った！
トーナメントと総当たり戦の試合数。

　勝ち上がりのトーナメントの性質は、「一度負けたらそれ以上試合はしない」というところにあります。この性質に注目しましょう。

　たとえば4人でトーナメントを行う場合、優勝する人は4人のうち1人のみです。逆に言えば残りの3人は負けていることになります。

図1

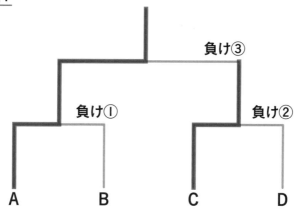

図1のとおり、Aが優勝するためにはA対BでBが負け、C対DでC（D）が負け、A対D（C）でD（C）が負けることになります。

　1回の試合で「負け」となる人は1人のみ、そして1人が優勝するためには合計で3人が負けになる必要があり、そのために必要な試合は3試合となります。

　つまり、試合数＝優勝者以外が負けた試合の数＝優勝者以外の人数＝4−1＝3という式が成り立つのです。28人の場合も同様に、28−1＝27が答えとなります。

　次に、総当たり戦についてです。まず、少ないチーム数で考えてみます。

図2

4人で総当たり

	A	B	C	D
A		1	2	3
B			4	5
C				6
D				

　図2は、4人（A、B、C、D）の場合の総当たり戦の試合表です。

　同じような試合表を5人の総当たり戦の場合でも書いてみてください。4人での総当たり戦と5人での総当たり戦の試合表を比べると、表に1列追加され、4試合増えていることがわかります。

　もし6人になった場合はさらに5試合増え、7人になったらさらに6試合増え…と考えると、1から27までの和が、28人での総当たりの試合数となります。

　下の図3は図2と比べて1人増やした5人での総当たり戦を表している図ですが、確かに4試合増えていることがわかります。

　ということで、計算していくと1＋2＋3＋…＋27＝378と378試合であることがわかります。

図3

5人で総当たり

	A	B	C	D	E
A		1	2	3	4
B			5	6	7
C				8	9
D					10
E					

4試合増える

　人数が多いときにはトーナメントのほうが試合数をかなり少なくできることが、この結果からもわかりますね。

人	1	2	3	4	5	6	7	8	9	10	11	12	13	…
試合数	0	1	3	6	10	15	21	28	36	45	50	66	73	…

1＋2＋3＋4＋5＋6＋7＋8＋9＋10＋11＋12……
1から27までの合計……25＋26＋27＝378

Question.08

難易度

一番の
節約方法は?

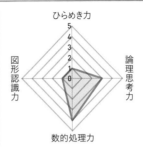

ひらめき力
論理思考力
数的処理力
図形認識力

買い物をなるべくお買い得になるように済ませたいと考えます。
家から 10 分離れたところにある、
買いたいものの合計金額が3,000円で済むスーパーAと、
家から 20 分離れたところにある、買いたいものの
合計が 2,500 円で済むスーパーBがあります。
あなたは、時給 1,200 円のアルバイトをしています。
どちらのスーパーで買い物しますか?

HINT

　安い方のお店に買い物にいく、というのが買い物で
の鉄則かもしれませんが、そこに「自分で稼ぐお金」の
観点を入れてみると答えが変わってくるかもしれません。

Answer

スーパーB

Aは10分	往復20分は1/3h

1,200×1/3=400　400円分の移動

Bは20分　往復40分は2/3h

1,200×2/3=800　800円分の移動

スーパーA：3,000＋400=3,400円の出費

スーパーB：2,500＋800=3,300円の出費

解説　節約するために時間を使いすぎたら逆に損！

　家から10分の店をA店、家から20分の店をB店としましょう。A店と家との往復には20分＝1/3時間かかります。そして、この時間であなたがバイトで稼げる金額は1,200×1/3＝400円です。

　したがって、この400円分をバイトに費やしていれば稼げるはずだったのに「損をした」と考えれば、A店に行くことで費やすお金の合計額は3,000＋400＝3,400円となります。

　同じように考えれば、B店と家との往復には20×2＝40分＝2/3時間かかるので、これはバイトの給料1,200×2/3＝800円分ですから、合計金額は2,500＋800＝3,300円となります。

　この、目に見えにくい損した額を比べると、20分離れたスーパーに行くほうがお得だということになります。

　もちろん、遠い場所に行くことは精神的負担がかかる…なども考慮すると、一概に言うことはできませんが、このように数を使って定量的に考える方法もある、ということです。

Question.09

難易度

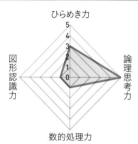

不思議な取引

Aさんは家電量販店で 10,000 円のイヤホンを買った。
次の日、もう一度家電量販店に来て、
10,000 円のイヤホンを返品した。
Aさんは「昨日 10,000 円渡した。
そして今、 10,000 円のイヤホンを渡した。
なので10,000＋10,000＝20,000円を払ったわけだから、
その 20,000 円のヘッドフォンをもらう」と言ってきた。
何がおかしい?

HINT

　論理クイズの王道の問題の 1 つです。この問題を
解くときに大切なのは、実際にその場面を演じてみる
こと。そこで違和感に気づくはずです。

29

Answer

「昨日10,000円を渡した」という主張が間違い。昨日は「10,000円とイヤホンを交換した」が正しい

解説	状況をよく想像して、おかしいところを見抜きましょう。

このような言葉にだまされては、詐欺のいいカモになってしまいますね。

1日目、イヤホンを買った際には、「店とAさんの間で、イヤホンと10,000円という交換が行われた」という事実が大切です。常に、店とのやり取りは「交換」である必要があります。

そして、2日目Aさんはイヤホンを渡すわけですから、店側は「10,000円」のみを渡して交換すればよいのです。Aさんの言葉で誤っている部分は、「昨日10,000円渡した」という部分です。渡したのではなく、「イヤホンと交換した」わけですから、1日目の分に関しては店側は余計に払う必要はないのです。

買い物をしているときは「お金を渡して商品を買う」というイメージがあるかもしれませんが、これは、「その商品と同じ価値のお金を渡して、交換している」ということです。少し数学っぽく表現するならば「商品の値段＝渡した値段」だから交換できた、ということです。

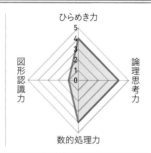

生死を分ける決断

1万人に1人が感染し、
治療しないと必ず死ぬ伝染病があります。
この伝染病の検査は、正しい結果が出る確率は90%、
間違った結果が出る確率は10%です。
あなたは検査を受けて陽性と診断されました。
そこで治療を受けるかどうかを医師に聞かれました。
ただし、治療は95%病気を治しますが、
5%の可能性で失敗し、死んでしまいます。
あなたは治療を受けますか。

HINT

　感染していないと診断されても感染している人がいるように、感染していると診断されても感染していない人はいます。
　それぞれの人数を具体的な数で考えてみると、驚きの結果になります。

Answer

受けないほうが生きられる可能性が高いので、受けないほうがよい

解説 **誤診が多い診断には要注意!**

　たとえば、100万人中100人が感染しているとし、100万人全員が検査した場面を想像します。

　100万人のうちの100人を除いた99万9,900人は感染していませんが、10%の確率で感染していると誤判定されてしまいます。つまり、9万9,990人は感染していないのに「感染している」という判断になります。また、実際に感染している100人のうち90人は正しく「感染している」と判断されますが、残りの10人は感染していない、という判断となります。

　つまりこの場合、感染していると判断された人の合計は9万9,990人いることになりますが、そのうち感染している人は90人。感染していると判断された人のうち0.09%しか感染していないのです。そういう状況で5%の可能性で治療に失敗するような治療を受けるというのは、そのほうがリスクがあるということです。

　現実ではここまでわかりやすく確率がわかっているわけではないので応用はしにくいかもしれませんが、物事を正しく捉えるためにはこのような確率思考が大切になってきます。

100万人中100人が感染しているとした場合

	全体	陽性の判定	陰性の判定
計	100万人	10万80人	89万9920人
感染していない人	99万9900人	9万9990人	89万9910人
感染している人	100人	90人 (0.09%)	10人

　表にまとめるとこのようになります。このように、10万80人は感染していると診断されることになります。ですが、実際のところ、90人のみが実際に感染しており、割合にして約0.09%の人しか実際に感染していないのです。

　感染していると診断された人数に対して、実際は感染していないのに感染していると診断される人の割合は約99.91%ということになります。つまり、そんななか、成功率が95%の治療を行うかでいうと…行わないほうが生きる可能性があることがわかりますね。

　実際は感染していないのに、感染していると判断されることは「偽陽性」といわれています。確率の知識を持っておくと、このような事象が現実に起きることが想像できるようになるはずです。
　実際の伝染病では、偽陽性をなるべく少なくするために、感染が疑われる人のみを検査することで検査の正確性を上げています。

Question. 11

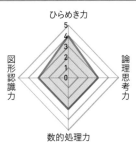

ひらめき力

論理思考力

数的処理力

図形認識力

フォーフォーズ

4 を 4 つ使って、1 から 10 を作ってみましょう。

Answer

$0 = 44 - 44$

$1 = 44 \div 44$

$2 = 4 \div 4 + 4 \div 4$

$3 = (4 + 4 + 4) \div 4$

$4 = 4 + 4 \times (4 - 4)$

$5 = (4 \times 4 + 4) \div 4$

$6 = (4 + 4) \div 4 + 4$

$7 = 44 \div 4 - 4$

$8 = 4 + 4 + 4 - 4$

$9 = 4 + 4 + 4 \div 4$

$10 = (44 - 4) \div 4$

解説　計算パズルとしては有名なものの 1 つ。

「フォーフォーズ」と呼ばれる計算パズルです。数を変えたり、様々なルールを追加していくことで、さらに大きな数を作ることも可能です。

Question.12

難易度
★★★☆☆

大盛りの罠

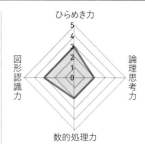

今日はお腹が空いていたので
普段の2倍のチャーハンを頼みましたが
見た目は2倍に感じられませんでした。
なぜ？

HINT

これまでにこんな経験ありませんでしたか？
チャーハンの「量」なので体積で考えてみましょう。

Answer

量が2倍になっても、タテヨコの大きさは約1.26倍しか大きくならないから
(「タテ・ヨコ・高さ」がそれぞれ2倍になると体積は8倍になる)

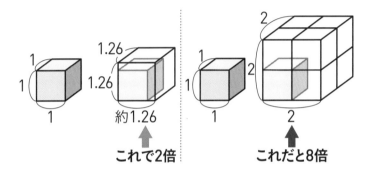

これで2倍　　　　これだと8倍

解説　　見た目があまり変わらないので、食べすぎに注意!

今回は量が2倍になったということがポイントです。量が2倍になったにもかかわらず、見た目が全然2倍にはならないのはどういうことでしょうか。具体例を交えつつ考えてみましょう。

たとえば1辺が1cm、つまり体積が $1 \times 1 \times 1 = 1cm^3$ の箱を考えます。各方向(縦、横、高さ)に2倍にしていくとどうなるかというと、同じ大きさの箱が8個必要だとわかります。

つまり体積でいうと 2×2×2＝8cm³ となり、体積は 8 倍になっていることがわかります。同じように縦、横、高さをそれぞれ 3 倍にすると 3×3×3＝27cm³ で箱の数は 27 個、そして体積は 27 倍になるということです。

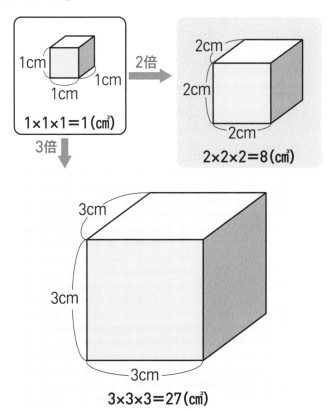

　この話を問題でも扱ったチャーハンでも考えてみましょう。

　縦、横、高さともに 2 倍の量になっているチャーハンは、先ほど述べたように実際は 8 倍もの量のチャーハンとなります。もし大盛りがこの量だったら、とてもじゃないですが食べきることは不可能でしょう。

　では、量、つまり体積を 2 倍にする場合は、実際のところ縦、横、高さを何倍にすればよいのでしょうか。

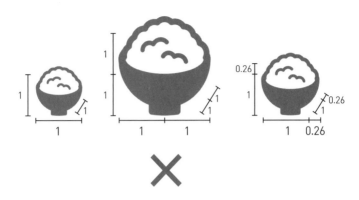

もとの量の縦、横、高さの長さをすべて1とすると、a×a×a=2となるようなaの長さにすれば2倍の量になります。このようなaは約1.26となり、10cmの大きさのお皿だった場合は12.6cmのお皿に盛ればいいのです。ですのでそこまで量が多く見えなかったのかもしれません。

そして、これは体積のお話ですが、もし面積が2倍だったらどうでしょう? 先ほどと同じように考えるとb×b=2となるb、つまりルート2（約1.41）倍にすれば良いとわかります。これも直感と違うかもしれません。

この直感と違う原因は、体積と面積のどちらもかけ算を使って求めているので、すぐに値が大きくなってしまうことです。
こういった辺の比と体積の比、面積の比の違いの話は、日常でときどき出合う直感とは違う体験の1つです。

Question.13

難易度

★★★★☆

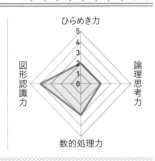

ひらめき力
論理思考力
数的処理力
図形認識力

増量の罠

500ml で直径が 5cm のペットボトルがあります。

ペットボトルの高さを変えずに、

100ml 増量した 600ml のペットボトルにするには、

直径を何 cm にすればよいでしょう?

HINT

　実際に増量したペットボトルを見たことはありますか?

　そういった記憶をもとに、だいたいどれくらいの大きさになるか想像してみてもいいかもしれません。

Answer

直径を5.5cmにすればよい

解説 見た目の直感だけではなく、計算して確かめてみましょう。

なんとなく、元の直径 5cm を 6/5 倍して、6cm と答えたかもしれません。しかし、これは誤りです。わかりやすくするために、ペットボトルをただの円柱として考えてみましょう。

円柱の底面積は半径×半径×円周率であり、体積は底面積×高さで求められます。

1cm³＝1ml ですので式を立てると、

2.5cm×2.5cm×円周率(3.14)×高さ＝約 500

となります。この式と比べて容量が 600ml の場合は

半径×半径×円周率(3.14)×高さ＝約 600

となります。2 つの式を比べて、下の式が成り立つ半径を求めていくと、

半径＝約 2.75

となります。直径に直すと 5.5cm にすればよいことがわかります。つまり、直径を 5mm 程度大きくするだけで、内容量を 100ml 増やすことができるのです。

ちなみに実際のペットボトルは直径 6.5cm ほどでもう少しだけ大きいのですが、このときでも 6.5mm ほど大きくすれば内容量を 100ml 増やすことができます。

Question.14

難易度

★★★☆☆

偶数の
ゾロ目の日付に潜む
不思議な性質

2月2日、4月4日、6月6日、8月8日、
10月10日、12月12日のうち、
1日だけ曜日が違います。（ただし、同じ年のなか
で考えてください）
曜日が違うのはいつでしょう？

> **HINT**
>
> 調べると一瞬ですが、カレンダーは見ずに自分で
> 考えてみましょう。

Answer

2月2日

解説 覚えておくと役に立つかもしれない、2月2日以外の偶数のゾロ目の日付！

4月4日と6月6日は実はちょうど63日離れており、同じ曜日となっています。同様に2月2日を除く偶数のゾロ目の日付は63日ずつ離れており、同じ曜日になっているのです！

1月	2月	3月
S M T W T F S 　　　　　　1 2 3 4 5 6 7 8 9 10 11 12 13 14 15 16 17 18 19 20 21 22 23 24 25 26 27 28 29 30 31	S M T W T F S 1 ②3 4 5 6 7 8 9 10 11 12 13 14 15 16 17 18 19 20 21 22 23 24 25 26 27 28	S M T W T F S 　1 2 3 4 5 6 7 8 9 10 11 12 13 14 15 16 17 18 19 20 21 22 23 24 25 26 27 28 29 30 31
4月	**5月**	**6月**
S M T W T F S 　　　　　1 2 3 ④5 6 7 8 9 10 11 12 13 14 15 16 17 18 19 20 21 22 23 24 25 26 27 28 29 30	S M T W T F S 　　　　　　　1 2 3 4 5 6 7 8 9 10 11 12 13 14 15 16 17 18 19 20 21 22 23 24 25 26 27 28 29 30 31	S M T W T F S 　　1 2 3 4 5 ⑥7 8 9 10 11 12 13 14 15 16 17 18 19 20 21 22 23 24 25 26 27 28 29 30
7月	**8月**	**9月**
S M T W T F S 　　　　　1 2 3 4 5 6 7 8 9 10 11 12 13 14 15 16 17 18 19 20 21 22 23 24 25 26 27 28 29 30 31	S M T W T F S 1 ⑧3 4 5 6 7 8 9 10 11 12 13 14 15 16 17 18 19 20 21 22 23 24 25 26 27 28 29 30 31	S M T W T F S 　　　1 2 3 4 5 6 7 8 9 10 11 12 13 14 15 16 17 18 19 20 21 22 23 24 25 26 27 28 29 30
10月	**11月**	**12月**
S M T W T F S 　　　　　1 2 3 ⑩5 6 7 8 9 10 11 12 13 14 15 16 17 18 19 20 21 22 23 24 25 26 27 28 29 30 31	S M T W T F S 　1 2 3 4 5 6 7 8 9 10 11 12 13 14 15 16 17 18 19 20 21 22 23 24 25 26 27 28 29 30	S M T W T F S 　　　1 2 3 4 5 ⑫7 8 9 10 11 12 13 14 15 16 17 18 19 20 21 22 23 24 25 26 27 28 29 30 31

◎ 2021 年のカレンダー
◎ 2/2 は火曜日、4/4、6/6、8/8、10/10、12/12 は日曜日

難易度

★★★☆☆

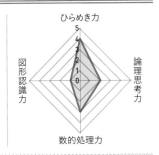

ひらめき力
図形認識力
論理思考力
数的処理力

着回しは
意外と簡単です

帽子、シャツ、上着、ボトムス、靴の5つの
アイテムがあります。毎日違う服装にするとき、
最低何種類の服があればよいでしょうか。
必ず5つのアイテムを1つずつ使うこととします。
たとえばボトムスだけはいているのはNGです。

HINT

意外な結果になるかもしれません。
　正解の帽子、シャツ、上着、ボトムス、靴それぞ
れの数はそれほど多くありません。

Answer

17種類

解説 　たった17種類で、理論上毎日違う服装に！

　まずは簡単な例として、シャツとボトムスだけでどれだけの組み合わせが作れるか考えてみましょう。

　白と黒のシャツ、そして長いボトムスと短いボトムスがあったとき、着回しは2×2＝4と4通りできます。

シャツ2種類　　　　　　　　ボトムス2種類

2×2＝4通りの着回しが可能

では、問題のとおり「帽子、シャツ、上着、ボトムス、靴」の５つのアイテムで考えてみましょう。

　たとえば５つ全部のアイテムがそれぞれ４種類ずつあるとすると、アイテムは全部で４×５＝20種類で、コーディネイトは４×４×４×４×４＝1,024通りできます。なんとこれだけで３年近くの日数、何か１つは違う組み合わせの着回しをすることができるのです。

　問題は「最低何種類の服があれば、１年の着回しが可能なのか」なので、366通り以上となる、なるべく少ない種類の服で着回しができるように考えてみましょう。

　仮に、帽子とシャツを３種類ずつに減らしたとします。そうすると、アイテムは全部で18種類、コーディネイトは３×３×４×４×４＝576通りできますが、まだ減らすことはできそうです。

　帽子、シャツ、上着を３種類ずつにしてみると、アイテムは全部で17種類、コーディネイトは３×３×３×４×４＝432通りできます。

３×３×３×４×４＝432通り

　ボトムスの数も３種類にした場合、コーディネイトは３×３×３×３×４＝324通りになってしまうので、１年間の着回しはできません。

　帽子を２種類、シャツを３種類、他のアイテムは４種類ずつにした場合は、アイテムは全部で17種類、コーディネイトは２×３×４×４×４＝384通りできます。

　よって、正解は 17 種類ですが、5 つのアイテムのうち、3 つを 3 種類、2 つを 4 種類にしたほうがコーディネイトの幅は広がりますね。

　これだけの種類で 365 日毎日違うコーディネイトができるのはすごいですね！　とはいえ 17 種類でのファッションにこだわるなら汎用性の高いものにする必要がありますね。

　余談にはなりますが、平均寿命が 80 年と少しと考えると、人が生きる日数は約 30,000 日となります。5 つのパーツの服を 8 つずつ用意すると

$$8 \times 8 \times 8 \times 8 \times 8 = 32,768$$

となり、たった 40 種類で生涯着こなせることが可能になります。

　実際は成長していったり、季節や体型も変わったりしますのでそんなことは不可能ですが、理論上の計算というものの面白さということで紹介しました。

難易度
★★★★☆

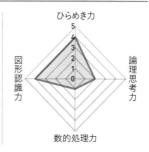

ひらめき力
5
4
3
2
1
0
図形認識力
論理思考力
数的処理力

ビニール紐の
意外な節約術？

なるべく節約して、短いビニール紐で缶を縛りたい。
以下の縛り方のうち、
どの縛り方にすれば一番節約することができる？

①

②

③

④

⑤

HINT

どことどこが同じ長さなのかを比較していくと、必
要なビニール紐の長さが見えてくるはずです。

Answer

②

解説 **できる限り円に近い形にまとめて縛れば、節約が可能。**

実際に周りに線を引いてみると、このようになります。

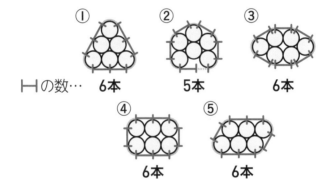

┠の数… 6本 5本 6本

6本 6本

　要素を分解してみると、円に接している部分と円と円の間をつないでいる線で分類することができます。区切った線の長さはそれぞれ同じです。

　②を除いてその線の数は6本ずつ、②は5本と残った点線部分と、②のほうが直線の長さが少ないことがわかります。また、①〜⑤すべて、缶に触れている曲がった部分は、すべて集めると缶1周分の長さになります。

　つまり、②以外は缶1周分と図の直線6つ分、②は缶1周分と直線5つとちょっと、で結ぶことができるわけで、一番ロープを使わないのは②となります。

Question.17

難易度

3 種類のお菓子を 公平に 分けるには?

ひらめき力
5
4
3
2
1
0
論理思考力
数的処理力
図形認識力

ハロウィンのためにお菓子を準備することにしました。

アメが 84 個、チョコが 48 個、

クッキーが 60 個あります。

これらのお菓子が種類ごとに

同じ数ずつ入っているお菓子セットを作ると、

最大何人分できますか?

HINT

　答えの見通しが立たないときは、様々な人数で考えてみましょう。具体的な例を考えると、考え方が見えてくるはずです。

49

Answer

12人分

解説 最大公約数は日常のなかでよく出てくる！

1人の場合は…、2人の場合は…、と考えていくと大変です。

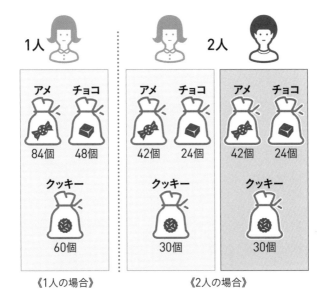

《1人の場合》　　《2人の場合》

　できる限り多くの人に分ける、というこのような問題の解法の1つとして「約数」に注目して解く方法があります。

そして、約数のなかでも最大公約数を考えることで、答えを求めることが可能です。

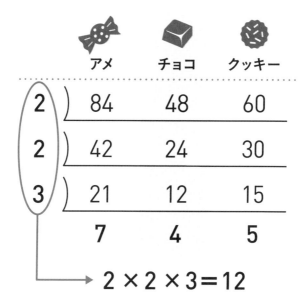

最大公約数の求め方は、それぞれの数を割り切ることができる数でどんどん割っていき、その割った数をすべてかけ算することで求められます。

この場合、2×2×3＝12となり、12人分に分けることができます。

この方法とは別に、それぞれの数の差に注目することで、分けられる人数の見当をつけることが可能です。

たとえばクッキーとチョコの個数を比べるとクッキーが12個多いことになります。もしチョコが12人で分けることができた場合、クッキーも自然と12人で分けることがわかるのです。

次の問題で、少しだけ違うシチュエーションでこの計算をしてみましょう。

展開問題

　アメが 5 個、クッキーが 17 個、チョコが 29 個あります。
　同じ数だけ増やして、ちょうどぴったり 10 人以上に同じ数ずつ配れるようにするならば、何個ずつ増やせばよいでしょうか？

Answer

7個ずつ増やせばよい。

		+5	+6	+7
アメ	5	10	11	**12**
クッキー	17	22	23	**24**
チョコ	29	34	35	**36**

12で割り切れる

解説　こつこつ 1 つずつ数えたほうが早い問題。

　10 人以上ということで、少なくとも 5 個は増やさないといけません。5 個ずつ増やすとアメが 10 個、クッキーが 22 個、チョコが 34 個となります。
　ここから、3 つの数の最大公約数が 10 以上になる数を探していくのですが、1 個ずつ増やして確かめたほうが早く答えにたどり着きます。
　さらに 1 個ずつ増やすとそれぞれ 11 個、23 個、35 個、さらに 1 個ずつ増やすと 12 個、24 個、36 個となります。このとき、12 人に均等に分けられます。つまり、7 個ずつ増やせばよいのです。

Question. 18

難易度

Mサイズ3枚と
Lサイズ2枚、
どっちがお買い得？

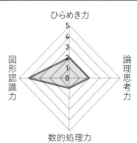

同じピザの、1枚2,000円のMサイズのピザ3枚と、
1枚3,000円のLサイズのピザ2枚、
どっちのほうがお買い得でしょうか？
Mサイズのピザの直径は20cm、
Lサイズは28cmです。

HINT

大きさを比較する問題です。それぞれの大きさのイメージは湧きましたか？ あとは計算するだけです。

Answer

Lサイズ2枚
合計の値段が同じなのに、面積を比べると
1,230.88（cm²）÷942（cm²）=約1.3倍となる

解説　ピザを頼むときに実際に計算してみよう！

　Mサイズ3枚とLサイズ2枚の場合はそれぞれ合計金額が同じなので、合計の面積が多いほうがお買い得とわかります。

　Mサイズの合計の面積は $10 \times 10 \times 3.14 \times 3 = 942cm^2$、Lサイズの合計の面積は $14 \times 14 \times 3.14 \times 2 = 1,230.88cm^2$ となり、Lサイズのほうがお買い得とわかります。

　ちなみにピザの耳の部分を幅2cmとすると、具の部分はMサイズ合計で $8 \times 8 \times 3.14 \times 3 = 602.88cm^2$、Lサイズ合計で $12 \times 12 \times 3.14 \times 2 = 904.32cm^2$ となり、Lサイズの場合は具の部分の大きさだけで、耳まで含めたMサイズの量とほぼ同じになります。耳の部分だけ比べてもMサイズの合計が約 $340cm^2$ で、Lサイズの合計が約 $326cm^2$ なのでほぼ変わりません。

　もっとお得感を出すために、Mサイズの1g当たりの値段をそのままLサイズの値段にしてみると、Lサイズ1枚当たり3,920円。3,000円だと920円もお得で、実に23%引きになっています。こうして考えてみても、Lサイズのほうが圧倒的にお得ですね。

Question. 19

あと1分で
電車に乗らなきゃ!

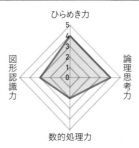

電車に乗るため、
券売機で切符を買って
改札に入ります。
券売機が改札の反対側にあり、
券売機が並んでいます。

①〜④のどの券売機で切符を買えば、
よりスムーズに移動が可能でしょうか?

券売機

① ② ③ ④

● 現在地

改札

HINT

実際の場面を想像してもなんとなく答えにたどり着くことができますが…その直感的な答えを裏付ける数学的な性質を発見してみましょう。

55

Answer

②
直線で結べるコースが一番近い

解説 **本当に急いでいるときには、この問題を思い出して使ってみましょう！**

　券売機が直線ℓ上に並んでいるとします。現在地を直線ℓを軸に対称移動させた点と改札を線分で結びます。そうすると、その線分の長さが、現在地から券売機を通って改札まで行く道のりの最短距離だということがわかります。よって、線分と直線ℓとの交点にある券売機が、一番スムーズに切符を買える券売機です。

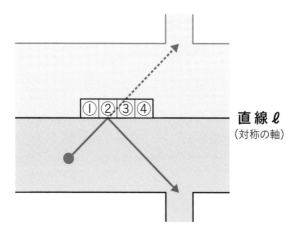

直線ℓ
（対称の軸）

どの割引が
一番安い！?

以下の割引のうち、どれが一番安くなっているでしょうか？

A：1万円の商品の 20%引き、さらにレジで 20%引き

B：1万円の商品の 10%引き、さらにレジで 30%引き

C：1万円の商品の 25%引き、さらにレジで 15%引き

HINT

　これは計算問題です。せっかくですので、計算する前に直感として、どれが答えになりそうか予想してから計算してみましょう。

Answer

B

| 解説 | **計算してみると意外と面白い、〇〇割引きや〇%引き。** |

　まずはAの値段を考えます。Aは、20%引きのあとに20%引きになるので、元の値段に 0.8×0.8＝0.64 をかけた値段になります。

　Bは、10%引きのあとに30%引きになるので、元の値段に 0.9×0.7 ＝0.63 をかけた値段になります。

　Cは、25%引きのあとに15%引きになるので、元の値段に 0.75× 0.85＝0.6375 をかけた値段になります。

　A、B、Cを比べてみると、それぞれ元の値段の 64%、63%、63.75%になっているので、Bを選ぶと一番安くなります。
　すべての値段を計算しなくても、割引率を考えると簡単に比べられます。

Question.21

難易度
★★☆☆☆

どっちの薬局で
買い物する?

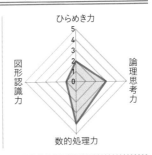

商品の価格設定はほとんど差がない薬局が近くに 2 店舗
あります。

A：100 円につき 1 ポイントたまります。
100 ポイントたまったら 500 円クーポンをプレゼント

B：50 円につき 1 ポイントたまります。
200 ポイントたまったら 1,000 円クーポンをプレゼント

どっちのお店でお買い物したほうが
お買い得でしょう?

HINT

これも計算問題です。せっかくですので、計算する
前に直感として、どれが答えになりそうか予想してか
ら計算してみましょう。

Answer

B

| 解説 | **あなたが持っているポイントもぜひ計算してみましょう！** |

それぞれのお店のクーポンを、1枚もらうのに必要な購入額を考えます。

Aのお店では、$100 \times 100 = 10,000$円分の買い物をすれば、500円クーポンがもらえます。

Bのお店では、$50 \times 200 = 10,000$円分の買い物をすれば、1,000円クーポンがもらえます。

AとBで同じように10,000円分の買い物をしても、Aでは500円のクーポンしかもらえませんが、Bでは1,000円のクーポンがもらえます。
よって、Bのお店でお買い物をしたほうがお得だということがわかります。
このように、「どこかの基準をそろえる」ことで比較がしやすくなります。今回は同じ金額だけ買い物した場合を考えてみましたが、これで損得がわかりやすくなりますね。

難易度

来年の今日は何曜日？

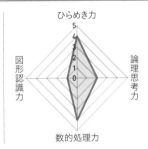

ひらめき力
5
4
3
2
1
0
図形認識力
論理思考力
数的処理力

今年も来年も、うるう年ではないとします。

今日は木曜日です。

来年の今日は何曜日？

HINT

　計算して求めてほしいですが、計算したあとは実際にカレンダーを見て、どのような関係になっているか調べてみてください。

Answer

金曜日
365÷7＝52余り1なので1日ずれる

| 解説 | あなたの来年の誕生日は何曜日？それがすぐわかるようになります。 |

　うるう年ではないということは、1年は365日であるということになります。さて、365日後の「来年の今日」は何曜日でしょう？

　来週は何曜日かと聞かれたら、今日が木曜日ならば、木曜日なのは当たり前ですね？　再来週も木曜日です。つまり、7の倍数ずつ日にちをずらしても曜日は変わらないことがわかります。

　では、365日後付近で木曜日がいつなのか考えてみましょう。365÷7＝52余り1ですから、7×52＝364日後が同じく木曜日であるとわかります。365日後はそのさらに1日後ですから、来年の今日は金曜日であるとわかりました。

　同じ考え方を使えば、何日後が何曜日なのか、何日前が何曜日なのかがすぐにわかります。

　「日にちは覚えているけど何曜日の予定だっけ…」というときに、計算してみてはいかがでしょうか。

Question.23

難易度

トイレット
ペーパーの
長さは?

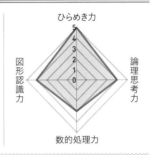

右の絵のような、
トイレットペーパー 1 ロール分の
紙の長さを求めてみましょう。
ただし、紙の厚さは
5 枚重ねて約 1mm になると
わかっています。

HINT

8cm² の面積をもつ長方形のタテの長さが 2cm のとき、ヨコの長さは 8÷2＝4cm です。このように、面積から長さを求める方法はあります。

この問題でも同様です。この形のままでは今のように計算できないかもしれませんが、形を変えてみると見えてくるものがあります。

Answer

図1

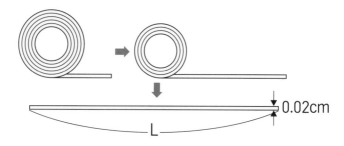

0.02cm

L

図2

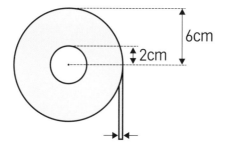

6cm

2cm

5枚重ねたら約1mmの厚さ

解説 　**薄い紙や細い紙も、四角形として考えることができる。**

　いくつか解き方はありますが、ここでは面白い解き方を 1 つ紹介しましょう。以下では、求めたい長さを L（cm）とします。また、紙の厚さは 1 ÷ 5 ＝ 0.2mm ＝ 0.02cm です。

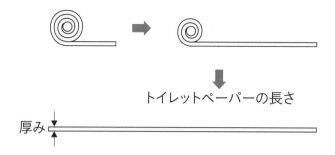

厚み トイレットペーパーの長さ

　図1は、トイレットペーパーを完全に引き伸ばして真横から見たものです。もちろん、新品のままのトイレットペーパーです。

　さて、かなり想像しにくいと思いますが、縦をトイレットペーパーの厚み、横をトイレットペーパーの長さとした、とても薄い長方形と考えてください。そうすると、これは厚さ 0.02cm×ロールの長さ Lcm の長方形になっていることがわかります。

　そしてこの長方形は、図2のように引き伸ばす前の元のトイレットペーパーを真横から見たドーナツ状の形と同じ面積となります。

　ドーナツ型の青い部分は、大きい円から小さい円を引いた図形ですから、面積は 6×6×3.14−2×2×3.14＝100.48 となります。これが長方形と同じ面積なので、長方形の面積を縦×横で計算できることから、0.02×L＝100.48 が成立します。

　したがって、L＝5,024cm＝約50m となります。ちなみに市販のトイレットペーパーのなかには50m程度のものもあり、そのトイレットペーパーはここで計算したような大きさとなります。普段意識することのない薄いものも、あくまで「厚みがある」と認識することで見えてくる方法でした。

　さて、もうひとつの解き方は、このドーナツ型の青い部分の面積を工夫して求める方法です。

図3

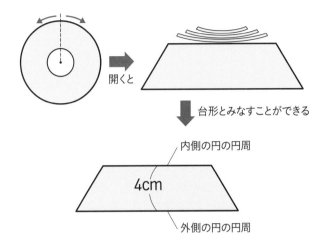

開くと

台形とみなすことができる

内側の円の円周

4cm

外側の円の円周

　図3のようにドーナツ型に切れ込みを入れて開くと、台形のような図形になります。この台形の上底と下底は、ちょうど元のドーナツ型の内側と外側の円周の長さとなります。

　よって台形の面積は（上底＋下底）×高さ÷2なので、青い部分の面積は（4×3.14＋12×3.14）×4÷2＝100.48cm²で、先ほどの計算結果と一致します。

Question.24

難易度

世界中は
つながっている?

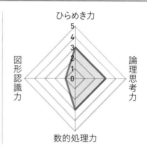

1人当たり平均で50人知人がいるとします。
その知人50人にもそれぞれ50人の知人が、
誰ともかぶることなくいるとします。
「知人」までを1つ先のつながり、
「知人の知人」を2つ先のつながり、
と表現したとき、いくつ先のつながりまで
考えれば全世界の人間とつながるでしょうか?

HINT

少ない人数で考えましょう。自分に3人の知人がい
て、その知人たちにもそれぞれ3人の知人がいる場
合…。自分から見て、知人の知人は何人いるでしょう
か。3+3=6人でしょうか? 3×3=9人でしょうか?

Answer

5つ先の知人まで考えればよい。

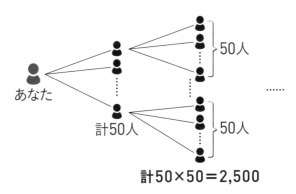

計50×50＝2,500

解説 **知人の知人の知人の知人の知人までいけば、全世界の誰とでもつながれる？**

あなたを基準で考えましょう。

あなたには、ちょうど50人の知人がいるとします。実際にはもっと数多くの知人がいるかもしれませんが、わかりやすく考えるためにも、あえてこの人数としましょう。

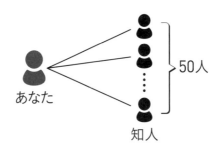

さて、その 50 人いる知人ひとりひとりにも、かぶることなく別々の知人 50 人がいるとします。あなたが選んだ知人 50 人各々に対して、50 人の知人がいるわけですから、あなたから見て「知人の知人」は 50×50 ＝ 2,500 人いることになります。

　また、この 2,500 人各々に対して、50 人の知人がいるため、2,500 ×50 人＝ 125,000 人があなたの「知人の知人の知人」の人数となります。

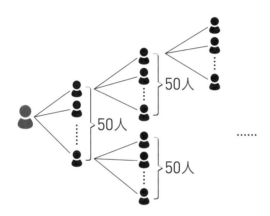

あなた	知人	知人の知人	知人の知人の知人
1	1×50	1×50×50	1×50×50×50

　これを繰り返すことで、全世界の人口約 78 億人（国連人口基金「世界人口白書 2020」より）を超えるのは、いつでしょうか。

　知人：50 人
　知人の知人：50×50 人
　　⋮
　知人の知人の知人の知人の知人：50^5 ＝約 3 億＜ 78 億＜ 50^6 ＝約 156 億となり、6 回知人をたどれば少なくとも世界のだれとでもつながりを持っているということができます。この考え方はかなり単純なものですが、かけ算の爆発的な増大の例として有名であり、「6 次の隔たり」という名称もあります。

　ではここではもう少し深く、逆に6回知人をたどれば少なくとも世界中の誰とでもつながりを持っているといえるような、誰ともかぶらずに1人当たりが持つべき知人の人数は、最低何人なのかを考えてみましょう。

　その人数をN人をすると、上で考えたように6回知人をたどった「知人の知人の知人の知人の知人の知人」はN^6人いることになります。
　したがって、$N^6 > 78$億となるようなNを探せばよいわけです。$44^6 \fallingdotseq 72.5$億< 78億< 83億$= 45^2$となるので、求めるNは45人ということになります。

　つまり、45人の知人がすべての人にいれば、世界中の人々はほとんどの確率でつながっているだろうといえるわけです。
　ここでほとんどの確率という言い方をしているのは、知人のかぶりの可能性を考慮したものですが、実際のところ十分無視できます。今後友達に、「私の友達の友達は芸能人なんだよ！」と言われたとしても、そこまで驚く必要はないのです。

　もしあなたとその友達に友達が50人ずつしかいなかったとしても、友達の友達は2,500人いることになります。そのなかに芸能人がいることは、そこまで珍しくはないはずでしょう。

Question.25

A4 用紙の
面白い謎

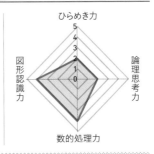

A4 用紙の縦横比は半分に折っても変わりません。
縦横比は何対何でしょう?

HINT

答えには「ルート」が出てきます。実際に図を描いて考えてみましょう。

Answer

$\sqrt{2} : 1$

解説 A4 用紙や B4 用紙など、A や B がつく規格の用紙に潜む比の性質。

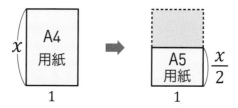

A4 用紙の縦横比を $x : 1$ とします。A4 用紙を半分に折ると、縦は 1、横は $\dfrac{x}{2}$ と表すことができます。半分に折っても縦横比が変わらないので、$x : 1 = 1 : \dfrac{x}{2}$ が成り立ちます。これを解くと、

$$1 = \frac{x^2}{2}$$
$$x^2 = 2$$
$$x = \pm\sqrt{2}$$

$x > 0$ なので、$x = \sqrt{2}$ となります。よって、A4 用紙の縦横比は $\sqrt{2} : 1$ です。

つまり、A4 用紙を半分に折ったサイズの A5 用紙の縦横比も $\sqrt{2} : 1$ になります。ということは、A5 用紙を半分に折った A6 用紙の縦横比も $\sqrt{2} : 1$ になり、A4 用紙を 2 枚並べて作った A3 用紙の縦横比も $\sqrt{2} : 1$ になるということです。実際に折って試してみるとよいでしょう。

Question.26

難易度

立方体は
何個見える?

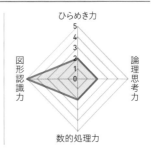

タテ・ヨコ・高さそれぞれ 10 段ずつ、
立方体が積まれています。
つまり、全部で 1,000 個の
立方体があります。
斜め上から見たときに
見える数は何個でしょうか？

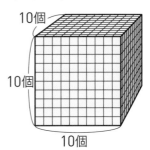

ここから見える立方体

HINT

まずは簡単な場合で問題の理解を深めてみましょ
う。タテ・ヨコ・高さ 3 段ずつの場合だといくつにな
るでしょうか？

73

Answer

271個

解説 同じ立方体を 2 回数えないように注意して数えよう。

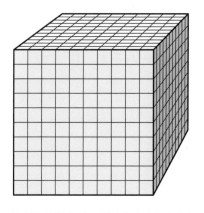

　手元に四角い箱がある場合は、斜め上から見たときに、一度にいくつの面が見えるか動かして見るとわかりやすいです。

　どんなに頑張っても 3 つの面しか一度に見ることができません。そのため 3 つの面分の個数を数えてあげればよいです。

　このときに同じものを複数回数えてしまいがちなので注意しましょう。

　一番上の面を数えると 10×10＝100 で 100 個です。

　正面の面を数えると一番上はすでに数えているのでその分を引いて 9×10＝90 で 90 個になり、最後に右側の面を数えるとすでに上の面と正面は数えているのでその分を引いて 9×9＝81 となります。

　これらを全部足した 100＋90＋81＝271 が答えになります。

Question.27

難易度

ドーナツの
面積を求める

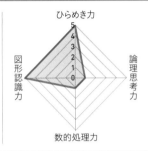

ひらめき力

論理思考力

数的処理力

図形認識力

色のついている部分の面積は？

穴の大きさはわかってないとします。

（計算を簡単にするために、円周率は「π（ぱい）」
として計算してください）

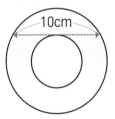

10cm

HINT

　真ん中の穴の大きさは関係ありません。関係なくて
も答えが1つに定まります。計算方法は無視して、
直感で答えるのも OK とします。

Answer

$25\pi\,\mathrm{cm}^2$

解説 これだけの情報で解くことができる不思議な問題。

　穴の大きさがわからない問題ですが、穴がないものとして考えて、直径が 10cm の円と考えた場合の答えは $25\pi\,\mathrm{cm}^2$ となりますが、この答えと問題の答えは一致するのです。

　答えが出れば OK としましたが、正確に計算する方法は以下のとおりです。

　大きい円の半径を x cm、小さい円の半径を y cm とおきます。求めたい面積は色のついている部分なので、その面積を S とすると、$S = \pi x^2 - \pi y^2$ で出せます。

　そして、図 $x \cdot y$ のように、「三平方の定理」で $x^2 = y^2 + 5^2$ が導き出せます。これを上の式に代入すると、

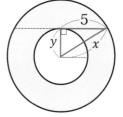

$$S = \pi x^2 - \pi y^2$$
$$= \pi(y^2 + 5^2) - \pi y^2$$
$$= 25\pi$$

よって、求める面積は $25\pi\,\mathrm{cm}^2$ ということがわかります。

Question.28

時計の時間を
読もう

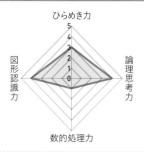

この時計の時間は何時？
ただし、
短針と長針の長さが同じで
区別がつけられず、
また、時計が傾いていて
真上が 12 時とは限りません。

HINT

　どっちが短針であるかわからない問題ですが、それぞれを短針として考えて、長針が指している分とつじつまが合うか確かめてみてください。

Answer

8時24分である。

解説 短針からも「分」を読み取れることに注目して考えてみよう。

青色の針を短針とすると　　　グレーの針を短針とすると
○時48分　　　　　　　　○時24分
※実際には48分を指せていない

　まず、2つの針でどっちが短針なのかを調べます。短針は、1時間で5目盛り分動きます。つまり、数字の書かれた針から1目盛り進んだところに短針があると、何時なのかまではわからずとも「12分」と、分は読み取ることができます。つまり、上にある針を短針であると仮定すると、針の位置から「○時48分」となることがわかります。

　ただし、もう1つの針を長針とすると数字の書かれた針から2目盛り分進んだ位置にあり、これでは「48分」を指すことができないことがわかります。

　同じように短針から時間を読み取ると24分進んでいることが分かり、長針の位置も24分を表すことができる位置にあります。あとは時計の傾きを長針が24分を指している向きに戻すと、短針が8時を表していることがわかります。

難易度

増える細胞

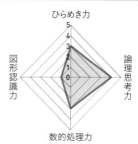

ひらめき力
論理思考力
数的処理力
図形認識力

1分間で2倍に増える細胞が、
小瓶のなかに1個あります。
60分後に小瓶いっぱいにまで増えたとすると、
ちょうど半分の量に増えたのは何分後でしょう。

HINT

　小瓶の大きさがわからなくても、答えにたどり着くことができます。
　頭のなかでじっくりと考えてみたり、図に描いてみたり、試行錯誤してみましょう。

Answer

59分

解説　直感で出てくる答えは30分だが実際は…

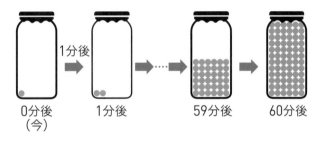

0分後
（今）　　　1分後　　　59分後　　　60分後

　「60分後に満タンになったのだから、30分後に半分まで増えたのだろう」と考えて、この解説を見ていませんか？

　正解は、「59分後」です。満タンの時、個数が何個になっているか考えてみましょう。1分後には2個、2分後には2×2個、3分後には2×2×2個、…と増えていくので、60分後には2×2×…×2＝2^{60}個にになっていますね？

　では、この個数の半分とはいくつでしょう。そう、1つ×2が減るので、2^{59}個です。先ほどの考えた個数の増え方から、2^{59}個になるのは59分後となります。

　分数が足し算で増えていくのに対して、個数はかけ算で増えていきますから、この2つの世界に同じ操作（÷2）を適用しても、うまくいかないのです。

難易度

Question.30

★★★★☆

トイレットペーパーは
1年でどれだけ
使われている?

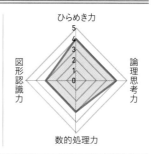

日本における1年間での
トイレットペーパーの消費量は
どれくらいでしょうか?
自身の経験を踏まえて予想してみてください。

HINT

　家庭でのトイレットペーパーの消費量はどれくらい
でしょう?
　いきなり1年間で考えるのではなく、1週間など
短い期間で考えると予想しやすいです。

Answer

約60億ロール

解説 **まずは自分の経験から想像してみましょう。**

「フェルミ推定」と呼ばれる、自分の経験から概算で予想する方法を使って計算してみましょう。色々な計算方法で概算することは可能ですが、今回は「自分の手の大きさ」から計算してみましょう。

たとえば、このように計算することができます。1日1回、トイレットペーパーを使用するとして、10枚分紙を重ねたものを3セットほど使うとすると、およその1日あたりの使用量が計算できます。

手のひら大の大きさと考えると15cm×10×3＝450cm、ということで1日4m〜5mほど使用、つまり50mのトイレットペーパーの場合は1週間から10日ほどで使い切ることがわかります。

そう考えていくと、1年で1人あたり30〜50ロールは使用することがわかります。日本の人口1.2億人で考えると、60億ロールが使われていると概算できます。

ちなみに「日本トイレ協会」のホームページによると「1か月のトイレットペーパー平均使用量は、4人家族で16.8ロール」とあり、これは1人当たりの1か月の使用量にすると4.2ロール、1年で50.4ロールとなり、先ほどの計算とほぼ一致します。

フェルミ推定は正確に当てることはとても難しく、今回の問題の場合は桁数が合っていたら自信を持っていいでしょう。交番の数やコンビニの数などフェルミ推定で求めてみるのも面白いですよ。

Question.31

難易度

★★★☆☆

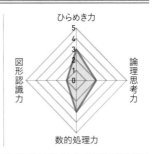

文字の由来の問題

昔の人は、木にナイフで切り込みを入れることで
数を数えていたこともありました。
ここからローマ数字が生まれたそうですが、
どのように生まれたと予想できますか？

HINT

　| | | | | | | | | | |とずっと同じように書いていたら、い
くつまで数えていたかわからなくなりそうですね。

Answer

5区切りで切り方の特徴をつけたことが、ローマ数字につながった

| 解説 | 古代ローマでは線や点がたくさん並ぶとわかりにくいので、目印をつけて数をかぞえたとされている。 |

　羊の数を数える時、木に刻んでいました。数えやすくするために5区切りで刻み方を変えていました（5は「V」で10は「X」）。

　4は「V」に加えて、手前の切込みを含めた「IV」となりました。

1 2 3 4 ⑤ 6 7 8 9 ⑩ …

　こうすることで、今いくつまで数えたかわからなくなっても、最初から数え直さなくて済みますね。

　日本では書いて数えるときに正の字を使いますが、このように書いて数えることを「画線法」といい、実は世界中でいろんな種類があります。

Question.32

九九のすべての
和の問題

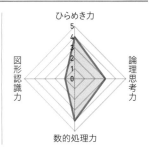

九九表の答えのすべてを足すと
いくつになるでしょうか？

HINT

　色々な方法で答えを出すことが可能です。この方法で求めることができるのでは？　という方法が思いついたら、その方法で計算してみましょう。

Answer

2,025

解説 **考え方が色々あって、その考え方それぞれを知るのが楽しい問題。**

　様々な方法で求めることが可能です。たくさんの解き方があることを楽しむ問題でもあります。

◆ **1つめ** ◆

　たとえば、地道に 9 × 9 マスのすべての答えを足して求めることも可能ですが、それでは非効率です。

　そこで、1 の段と 2 の段の答えに注目してみると、2 の段のそれぞれの答えは 1 の段のそれぞれの答えの 2 倍になっていることがわかります。

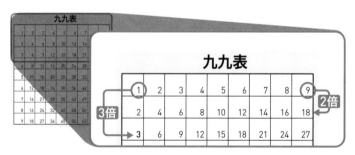

　同様に 3 の段は 1 の段の 3 倍…と考えていくと、1 の段の答えをすべて足して（1 + 2 + 3 + 4 + 5 + 6 + 7 + 8 + 9 = 45）、そこから（1 + 2 + 3 + 4 + 5 + 6 + 7 + 8 + 9）で 45 倍すれば答えが求められます。計算すると

　　45 × 45 = 2,025

となります。工夫した計算ではありますが、比較的王道な解き方でしょう。

ここからは、少し意外な方法での答えの求め方を紹介していきます。

たとえば直感的に「九九表の真ん中の答えが 25 で、それが全体の平均と考えて 81 倍すれば答えになるのでは…」という方法。

実はこれでも答えにたどり着きます。25×81 ＝ 2,025 となり、これは厳密には正しい方法ではありませんが、こういう直感でも正解と同じ値になるような問題です。

九九表

◆ **3 つめ** ◆

九九の意外な性質を活用した答えの求め方も最後に紹介しましょう。九九表を 4 枚使って、それらを 90 度ずつ回転させて重ねていきます。その重ねた九九表で、重なったマス同士の数を足していくと、なんと不思議なことが起きます。

たとえば一番左上のマスは 1 ＋ 9 ＋ 81 ＋ 1 ＝ 100 となりますが、ほかのマスすべても同様に、4 つの数の和が 100 になります。これを利用すると、4 枚重ねた状態で 81 マスの合計は

100×81 ＝ 8,100

となり、あとはこの答えは 4 枚分の合計なので、さらに 4 で割ると答えにたどり着きます。

8,100 ÷ 4 = 2,025

と同じ答えを導き出せました。

4枚の「九九表」を90度ずつ回転させ重ねる!

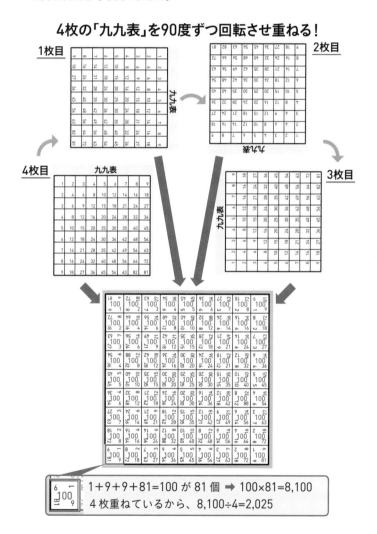

1+9+9+81=100 が 81 個 ➡ 100×81=8,100

4枚重ねているから、8,100÷4=2,025

答えを出すための計算方法は1つではありません。自分なりの計算方法で答えを出してみましょう。

Question.33

難易度

紙コップの
使用素材量の
問題

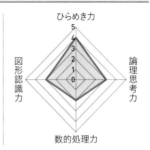

町でたまたま見かけた
この円錐形の紙コップ。
これはとある理由で、
通常の紙コップよりも
すぐれた性質を持っているそうだ。
どんな利点があると考えられるだろうか?

HINT

ちなみに利点ではなくマイナスの点は、入る量が少なくなってしまうこと。ですが、それ以外に利点があるのです。

Answer

円錐形の紙コップの口元の大きさは、通常の紙コップとほぼ同じ大きさだが、通常の紙コップよりも場所をとらない。また、紙素材の節約にもつながっている。

容量は減るが
口の大きさが
同じで飲みやすい

1/3

解説 節約に役立つ数学の知識。

　普通の円柱で必要な紙素材よりも、紙素材を節約することができます。通常の大きさの紙コップと、同じ高さの円錐の紙コップで使われている素材は2倍近く違います。

　また、通常の紙コップの形状を円柱とみなすと、体積で見ると1/3の大きさになるので、同じ個数の紙コップを保管するとしても、場所をとることがありません。

　ただし、残念なことに容量は同じ高さの円柱と比べると1/3しか入りません。なので、パフェもよく円錐の容器に入っていますが、実際の量よりもたくさん食べた気にさせるために円錐にしているのかもしれません。

　円柱と比べ、素材は約1/2になりますが、入る量は1/3になってしまうので要注意です。

Question.34

難易度

数学謎解き

ひらめき力
論理思考力
数的処理力
図形認識力

?に入る数は?

$$山 + 氏 \Rightarrow 7$$

$$球 - 呉 \Rightarrow 4$$

$$肋 \times 山 \Rightarrow 18$$

$$銃 \div 呉 \Rightarrow ?$$

HINT

　完全なひらめきクイズです。色々な視点で見てみると答えがひらめくでしょう。

Answer

2

解説　実は、2 種類の解き方ができる問題です。

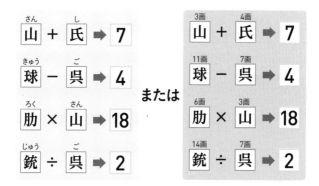

漢字の読み方に注目すると、1 行目は「さん＋し」となっており、答えは 7 になっています。2 行目は「きゅうひくご」で 4、3 行目は「ろくかけるさん」で 18。このように見ていくと、?の行は「じゅう÷ご」となり、答えは 2 となります。

また、実は画数で見ても同じ答えで考えることが可能です。1 行目の漢字の画数はそれぞれ「3 画」と「4 画」となっており、そう捉えても答えが同じく 7 になります。

ほかの行も同様のことが成り立ち、 ? がある行は「14 画」と「7 画」で「14÷7＝2」と同じ答えにたどり着けます。

数学とは違う謎解きのような要素が入った問題でも、面白い発見をすることができますね。

難易度

うまい棒で
地球1周ができる?

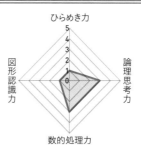

ひらめき力

論理思考力

図形認識力

数的処理力

うまい棒は年間7億本も
出荷されているそうですが、
うまい棒1本当たりの長さを約11cmとして、
7億本つなげるとどれくらいの長さになるでしょう?
地球の大きさと比べるとどうなるでしょうか?

HINT

地球の大きさは、1周4万kmです。
さて、地球とうまい棒を比較することができるので
しょうか。

Answer

地球をほぼ2周します。

解説 　地球1周は約4万kmなので、ぜひ覚えておきましょう。

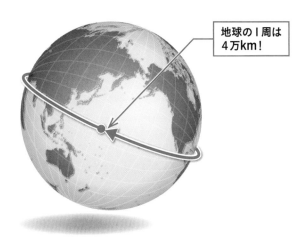

地球の1周は
4万km！

単純計算で11cm×7億＝77億cmとなります。kmに直すと、7.7万km、地球の1周は4万kmなので、ほぼ2周分となります。うまい棒の出荷量に驚かされますね。

Question.36

難易度

ある「秒」を「週」に直してみよう

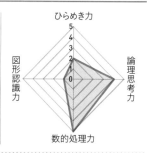

10！ 秒は何週間？

HINT

「2！」、「8！」のように、数字の後ろにびっくりマークがついた数です。これは、別に数字に驚いているわけではなく、「階乗」と呼ばれる数です。

$1！=1$ 　　　　$2！=1×2$

$3！=1×2×3$ $4！=1×2×3×4$ ……

さて、1日は何秒でしょう？ そして、1週間は何秒でしょう？ 数値として計算すると、すさまじく大きな数になってしまいます。かけ算の形に残しておくことが大切です。

Answer

6週間ちょうど

解説　**1 週間が 7 日であることで起きるちょっとした奇跡。**

　1 分は 60 秒です。1 時間は 60 分ですから、60×60＝3,600 秒です。1 日は 24 時間ですから、24×60×60 秒です。
　そして 1 週間は 7 日ですから、7×24×60×60 秒です。

　さて、ここでこの数をもう少し細かいかけ算に分けてみましょう。24＝3×8、60＝4×5×3＝2×10×3 なので、1 週間は 2×3×4×5×7×8×9×10 秒であることがわかります。

　10！秒は、かけ算記号を用いて表すと 10×9×8×7×6×5×4×3×2×1 秒となりますが、先ほどの 1 週間を表した式と比べてみると、残りは 6 のかけ算が足りないことがわかります。よって、6 週間でちょうど 10！秒になります。階乗が、急激に数を増加させる作用だということがわかりますね。

　またこの問題では、あえて計算せずにかけ算の形を残しておくことで答えを得ました。「整数の構造は、かけ算が示す」というのは、数学での鉄則です。

Question.37

難易度

ひらめき力

図形認識力

論理思考力

数的処理力

川と湖で
船の速さは
どれだけ変わる?

水の流れがある川、水の流れがない湖、
同じ距離を同じエンジン速度で往復するとき、
どちらのほうが速いでしょうか?

HINT

　値は与えられていませんが、試しに秒速 5m の流れの川の上を、秒速 10m で移動する船を想像してもよいかもしれません。

Answer

流れがない湖のほうが速く往復できる。

解説 **下りは速くても、それ以上に上りが遅くなる。**

正解は、「流れがない湖のほうが速く往復できる」です。例で考えてみましょう。

図1

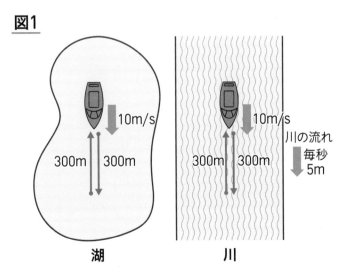

湖　　　　　　　　　　　川

図 1 のように、300m の距離を、毎秒 10m/s で移動できる船を考えます。流れがない湖では、300÷10×2＝60 秒で往復できます。それに対して、流れが毎秒 5m ある川を考えると、行き帰りの速さは、10＋5＝15m/s と 10－5＝5m/s です。よって、300÷15＋300÷5＝80 秒かかります。

　このことから、流れのない湖のほうが速く往復できることになります。少し川の速さを変えて他の例も試してみましょう。川の流れを毎秒 2m とします。

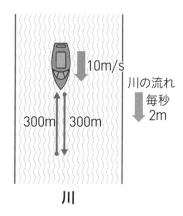

川

　行き帰りの速さは、10＋2＝12m/s と 10－2＝8m/s です。よって、300÷12＋300÷8＝25＋37.5＝62.5 秒かかります。先ほどよりは時間の差が少なくなりましたが、やはり流れのない湖のほうが速く往復することができます。

　つまり、川の流れのおかげで速く進めることよりも、川の流れのせいで遅く進むことになるほうが影響が大きいことがわかりますね。

展開問題

　川の流れの速さを秒速 10m/s としたとき、先ほどの例と同様に、秒速 10m で移動する船の往復時間の違いは、どの程度になるでしょうか。

Answer

川を上るときに10－10＝0とまったく進まないことになり、往復することができない

解説　下りは速くなるが、上りは遅くなるどころか止まってしまう。

　もはやこれ以上の解説はいらないかもしれません。下りの速さは、川の流れ＋船の移動速度より毎秒 10m で進むことができます。

　しかしながら、上りは 10－10＝0 と毎秒 0m。全く進むことができなくなるわけです。

Question.38

★★★☆☆

マグロの数え方

ひらめき力
5
4
3
2
1
0
図形認識力
論理思考力
数的処理力

マグロの数え方を、答えられるだけ答えてください。

Answer

生きているときは「匹」で数え、水揚げされたら「本」になり、半身になると「丁」で、ブロック状では「塊（ころ）」になって、切り分けると「柵」で、一口大に切ると「切（きれ）」となり、寿司ネタになると「貫」になる。

解説　状態によって様々な数え方になる！

ここまで数え方が変わるものは、なかなか他には存在しません。

数学パズル

Question.39

難易度

小町算

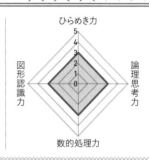

∿∿

1 2 3 4 5 6 7 8 9 10

のあいだに四則演算の記号を入れて、答えが 100 になる
式をつくりましょう。

Answer

$$1 \times 2 \times 3 \times 4 + 5 + 6 + 7 \times 8 + 9 = 100$$

> **解説** 　計算パズルとしては有名なものの 1 つ。

　「小町算」と呼ばれる計算パズルがあります。ルールはシンプルで、1 か
ら 9 まで並んだ数字の間に四則演算記号を並べていき、100 を作るという
もの。たとえば

$1 \times 2 \times 3 \times 4 + 5 + 6 + 7 \times 8 + 9 = 100$

という式を作ることができます。作るのは大変ですが、ルールはシンプルな
ので数の脳トレとしてぜひ遊んでみてほしい計算パズルの 1 つです。

Question.40

三角形を
大きくした三角形の
面積は?

正三角形の辺を倍にとり、
結んだときにできる
大きな正三角形は、
元の正三角形の大きさの何倍?

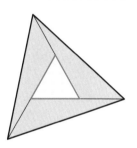

HINT

図に補助線を入れて、同じ面積の三角形に分割しましょう。三角形の面積の求め方を思い出せば、同じ面積の三角形を作る方法が浮かぶかもしれません。

Answer

7倍

解説　**1つひとつ考えていけばちゃんと解ける問題。**

　図1のように3本の補助線（黒い点線）を入れると、A、B、C、D、E、F、Gの7つの三角形にわけることができます。実はこの7つの三角形、すべて同じ面積になるのです。

～◆ 図1 ◆～　三角形を7つにわける

　成り立つことを示すために、まずは三角形AとBに注目してみましょう。

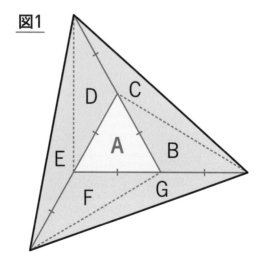

図1

　三角形Aが元の三角形であり、「三角形Aの1辺を2倍に伸ばした」ということから、三角形Aから右に伸ばした線を底辺として考えると、三角形Aと三角形Bの底辺が同じ長さであることがわかります（図2）。

　また、三角形Aと三角形Bは高さも同じ、つまり、2つとも同じ面積であることがわかるのです。では、続いて三角形Bと三角形Cに注目してみましょう。

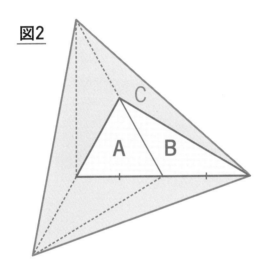

図2

　数学では、一見違うように見えるものが実は同じである、という目線は大切です。またそのような視点の下で、図形問題に自ら補助線を引くというのは、最初は難しいかもしれませんがとても大切な考え方です。

　今度は、先ほどとは異なる辺を底辺として見ていきます。元の三角形Aの右斜めの辺を2倍に伸ばした線（図でいうと三角形B、三角形Cの左側にある辺）を底辺とすると（図3）、先ほどと同様に底辺の長さは同じ、そして高さも同じであることがわかります。

つまりは三角形 B と三角形 C は同じ面積といえます。

あとは、図 1 を見てもらうとわかるように、三角形 B と三角形 D、そして三角形 F は同じ形であり、三角形 C、三角形 E、三角形 G が同じ形であることから、7 つに分けた三角形すべて、同じ面積であることがわかるのです。

図3

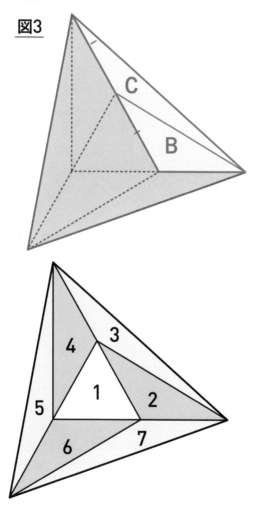

正方形で同じように考えると、大きい正方形は小さい正方形の何倍の面積でしょうか。

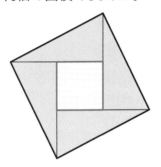

Answer

5倍

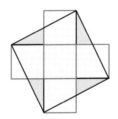

解説　**三角形1つと中心の正方形が同じ面積になる。**

　答えは先ほどと同じような求め方が可能ですが、こちらの問題は別の考え方をすることが可能です。

　正方形から伸びている線をさらに反対側にも伸ばしていき、それぞれの三角形を2つに分割するように補助線を引くと、外側の三角形は中心の正方形と同じ大きさになることがわかります。

　よって、大きい正方形は中心の正方形の5倍の面積となります。

Question.41

難易度

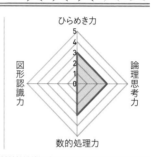

テンパズル

2、5、6、8 を使い、四則演算で 10 を作りましょう。

Answer

$$8 + (6-5) \times 2 = 10$$

解説 計算パズルとしては有名なものの 1 つ。

「テンパズル」という計算パズルがあります。切符や車のナンバーなど 4 桁の数があれば、その数字を使って遊んだことがある人は少なくはないはずです。

4 つの数字を使って四則演算を行い、10 を作る

というシンプルなルール。3 問ほど問題を用意しましたので、ぜひ解いてみてください。

① 2、4、6、8 　　② 4、7、5、9 　　③ 1、1、9、9

解答例：① (8÷4) ＋2＋6＝10　 ② (7−5) × (9−4) ＝10　 ③ (1÷9＋1) ×9＝10

Question.42

★★★★☆

地球の表面は
どれくらいの速さで
回っている?

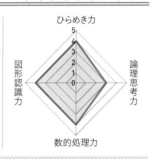

1 mは地球の北極から赤道までの距離を
1,000 万分の 1 として生まれました。
さて、地球の表面は
時速何 km で移動しているでしょうか?

HINT

地球はどれくらいの速度で回っているのか? という
問題になります。直感よりも速い答えになるはずです。

Answer

時速1,667kmで移動している

解説 新幹線どころじゃない速さで回っている地球。

　1mの基準を決めるとき、北極から赤道までの距離を1,000万m
＝1万kmと定めた、という歴史があります。（※現在の1mの定義
の仕方により、あくまでも約1万kmになりました）
　これより、図を見れば地球1周はおよそ4万kmだとわかります。
1日24時間で1周自転すると考えると、4万km÷24 ≒ 1,667km/h
という時速で、地球の表面は回っていることになります。

北極から赤道まで
1万km

1周 約4万km

Question.43

難易度
★★★☆☆

クッキーを
仲良く分けよう

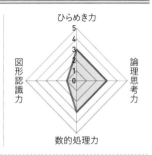

ひらめき力
5
4
3
2
1
0
論理思考力
数的処理力
図形認識力

クッキーを同じ個数ずつ色々な人数で
分けることを考えます。
1 個入りから 30 個入りのうち、
一番色々な人数に対応できる個数は、
何個入り?

HINT

　実際にクッキーを用意するか、おはじきなどで考え
てみると答えが見えてくるかもしれません。

Answer

24個入りと30個入り

分けやすい数は 12 の倍数！

　たとえば、20 個のクッキーを分けるとします。2 人で分けると 10 個ずつ、4 人で分けると 5 個ずつになります。もちろん 1 人で食べても OK とします。その場合は、20 個全部を食べられますね。そう、この問題は約数の個数が関係します。

　1 から 30 までの約数をそれぞれ数えていくと、このようになります。

1：1	**11**：1, 11	**21**：1, 3, 7, 21
2：1, 2	**12**：1, 2, 3, 4, 6, 12	**22**：1, 2, 11, 22
3：1, 3	**13**：1, 13	**23**：1, 2, 3
4：1, 2, 4	**14**：1, 2, 7, 14	**24**：1, 2, 3, 4, 6, 8, 12, 24
5：1, 5	**15**：1, 3, 5, 15	**25**：1, 5, 25
6：1, 2, 3, 6	**16**：1, 2, 4, 8, 16	**26**：1, 2, 13, 26
7：1, 7	**17**：1, 17	**27**：1, 3, 9, 27
8：1, 2, 4, 8	**18**：1, 2, 3, 6, 9, 18	**28**：1, 2, 4, 7, 14, 28
9：1, 3, 9	**19**：1, 19	**29**：1, 29
10：1, 2, 5, 10	**20**：1, 2, 4, 5, 10, 20	**30**：1, 2, 3, 5, 6, 10, 15, 30

1から30までの約数

これで答えにたどり着くことはできますが、作業としてはかなり大変です。そこで、別の方法も紹介しましょう。

次のような表を用意しました。1 から 30 までの倍数である数に、1 つずつ○をつけていきます。○の数が一番多かった数が答えになります。

	1	2	3	4	5	6	7	8	9	10
1	○	○	○	○	○	○	○	○	○	○
2		○	○	○	○	○	○	○	○	○
3				○		○		○	○	○
4						○		○		○

	11	12	13	14	15	16	17	18	19	20
1	○	○	○	○	○	○	○	○	○	○
2	○	○	○	○	○	○	○	○	○	○
3		○		○	○	○		○		○
4		○		○	○	○		○		○
5		○				○		○		○
6		○						○		○

	21	22	23	24	25	26	27	28	29	30
1	○	○	○	○	○	○	○	○	○	○
2	○	○		○	○	○	○	○		○
3	○	○		○	○	○	○	○		○
4	○	○		○		○	○	○		○
5				○				○		○
6				○				○		○
7				○						○
8				○						○

　一番○の数が多いのは、24 と 30 なので、答えは 24 個入りと 30 個入りです。お菓子屋さんで売られているお菓子セットに 24 個入りや 30 個入りが多いのは、約数が多くうまく分けられる数だからです。

　ちなみに、分けにくい数はいくつでしょうか。それは、「素数」の数の場合です。たとえば 13 個入りだった場合、1 人で食べきるか、13 人で 1 個ずつで分けるか以外は同じ数ずつ分けることはできません。1 個から 30 個の範囲で素数は以下のとおり。

2，3，5，7，11，13，17，23，29

　いずれも 1 人でか、その数でしか同じ数ずつ分けられません。もしこういったお菓子があったらどうすればよいのでしょう。比較的有効な方法は「誰か 1 人が 1 個我慢する」もしくは「誰か 1 人が 1 個だけ多くもらう」です。

　たとえば 13 個のときは 1 個誰かが多くもらうとすると、3 人の場合だと 4 個、4 個、5 個、4 人の場合だと 3 個、3 個、3 個、4 個と分けることが可能です。7 人の場合は 1 人だけ我慢して 1 個、2 個、2 個、2 個、2 個、2 個と分けることができるわけです。非常に実用的な発想ですので、万が一、素数個のお菓子を分ける場合には、この発想を活用ください。

難易度

ひらめき力
論理思考力
数的処理力
図形認識力

なぜハチの巣は
六角形なのか

なぜハチの巣は六角形なのでしょうか？
ハチが六角形を好むのは
何か理由があるのかもしれません。

HINT

六角形の特徴について考えてみましょう。
特徴を考えるときには六角形以外の形を想像して
みると、より特徴が見えてくるかもしれません。

Answer

「安定している」「巣の中になるべく広く部屋を作りたい」

解説 身の回りにある数学的な形。

　正解は「安定している」「巣の中になるべく広く部屋を作りたい」の2つです。実は敷き詰められる奇麗な図形の数は、三角形、四角形、六角形の3通りしかありません。

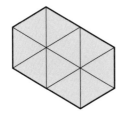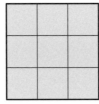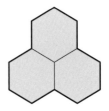

　また、巣をつくるハチの視点で考えると、下の図のように3方向に伸ばした形状をつなぎ合わせた形となります。三角形だと6方向に、四角形だと4方向に伸ばした形状を作る必要があり、六角形よりも作る手間がかかります。

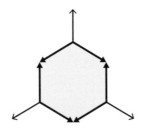

　これらのことから、ハチは一番効率のよい巣を作ろうとしていると考えられています。この構造は「ハニカム構造」といいます。
　六角形には、「六角柱の羅列には最も密にボールを敷き詰められる」という性質もあり、敷き詰めるということに適した形であるといえます。

Question.45

★★★★☆

なぜ東京タワーの
骨組みは
三角形なのか

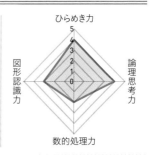

東京のシンボルのひとつ、
東京タワーの骨組みは、
なぜ、三角形なのでしょうか?

HINT

今度は三角形の特徴について考えてみましょう。
こちらも特徴を考えるには、三角形以外の形を想
像してみると、より特徴が見えてくるかもしれません。

Answer

三角形は頑丈なので

解説 身の回りにある数学的な形。

　最も大きな理由の1つは、三角形は四角形や五角形よりも「不自由」であるからです。

　試しに四角形を考えてみましょう。長さが4つ同じ棒を用意したとき、四角形の形は1つに決まるでしょうか? 実は、図のように、いくらでも形を変えながらいろんな種類の四角形を作ることができるのです。このような図形の性質を、「自由度がある」といいます。

　それに対して、三角形はどうでしょう。実は、三角形には「自由度」がありません。つまり3本の棒を用意したとき、もし三角形が作れるならば、1通りにしか作ることはできないのです。この「動きにくさ」「自由度の少なさ」すなわち「不自由さ」が、三角形の形を安定させているのです。自由度がある四角形で骨組みを作ると、形が固定されずに崩壊しやすくなってしまうのです。

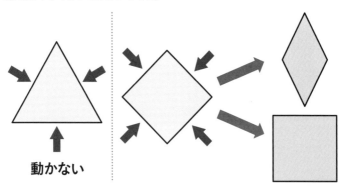

動かない

難易度
★★★★★

2人でケーキを分けるとき、喧嘩しないように平等に分ける方法

ひらめき力

図形認識力

論理思考力

数的処理力

2人でケーキを分けるとき、
喧嘩しないように平等に分けるには
どうすればいいでしょうか?

HINT

使う道具は包丁だけ。定規を使う必要はありません。また、形にはこだわらなくても同じ答えになります。

Answer

「半分に切る代わりに、もう一人にケーキを選ばせる」というルールを作る

| 解説 | **数学的な話なのですが、実に人情的な話で着地できる面白い問題です。** |

　この問題は、他の数学の問題とは毛色が違うように感じるかもしれません。心優しいあなたであれば、「そんなの、半分にすればいいじゃないか」と思うことでしょう。ですが今回は、わがままな子ども2人の場合を考えます。片方が半分に切ったとしても、自分のために偏った切り方をしてしまうかもしれません。

　そこで、正解は「半分に切る代わりに、もう1人にケーキを選ばせる。というルールを作る」となります。切る側の子どもにしてみれば、少しでも偏った切り方をすると相手に大きい方をとられてしまいますから、「半分に切ろう」と自然に努力するわけです。

　このようにお互いが利益を最大限に追求するなかで、2人の妥協点のようなものをうまく作る考え方は、数学では「ゲーム理論」といわれています。ゲーム理論は主に経済学等に扱われています。「どの時間帯にどの広告を配分すれば各企業にとって平等か」など、応用する場面がとても多い考え方です。

Question.47

水平線は
何 km 先にある？

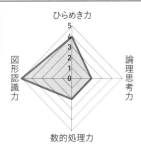

ひらめき力

論理思考力

数的処理力

図形認識力

水平線は何 km 先にある？
ただし、地球1周の長さを
4万 km とし、
平坦な場所にいるとします。

HINT

　正確な計算をしてもいいですし、直感的に考えて
答えてもらってもかまいません。
　過去の記憶から、遠くに見える船の姿を想像して
考えてみましょう。

Answer

約5km

解説 **意外と水平線は近いのです。5km 先ほどです。**

今回、あなたの身長を 180cm とします。すると、図のように考える
ことができます。

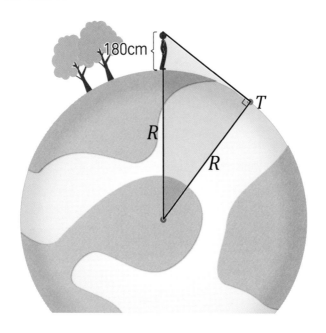

地球の上にあなたが立っており、水平線を見渡している状態とします。水平線、つまりあなたからの視線が地球に接する点をTとします。

　このような図で、あなたのいる場所からTまでの距離を求めることができれば、水平線までの距離を求めることができます。図のなかの必要な部分を切り取ると以下のようになります。

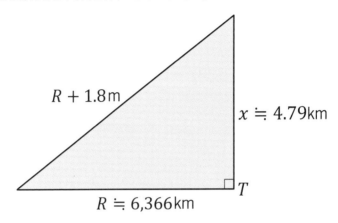

　直角三角形が見えてきました。この直角三角形、見覚えがありませんか？　そう、中学数学で出てくる「三平方の定理」を使えば求めることができるのです。

　求めたい水平線までの距離をx、地球の半径をRとすると、地球一周は4万kmなので、$2\pi R = 40,000$となり、$R \fallingdotseq 6,366$kmとなります。そして、$(R + 0.0018)^2 = x^2 + R^2$であるとわかりますから、この$R$に先ほどの値を入れて、$x^2 \fallingdotseq (6,366 + 0.0018)^2 - 6,366^2 \fallingdotseq 23$となるので、$x \fallingdotseq 4.79$kmとなり、およそ5km先に水平線があることがわかります。

　「水平線の彼方まで」という表現もありますが、5km先となると意外と近くてがっかりするような距離なのですね。

展開問題

　あなたの身長で同じように計算してみましょう。どのくらいになるのでしょうか？

Answer

人によって身長は異なりますが、150～180cmの範囲であればほぼ誤差の範囲となり、約5kmであることは変わりありません。

解説　実際に値を変えて確かめてみましょう。

　150cmの身長の人の場合は、$(R + 0.0018)^2 = x^2 + R^2$の「0.0018」を「0.0015」に変えて計算してみましょう。すると$x = 4.37$となります。

　190cmの身長の場合は$x = 4.92$となり、40cmの身長差は550mほどの差はあれど、そこまで差がないことがわかります。

難易度

バスの進行方向

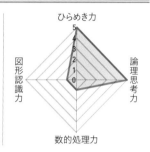

このバスはどちらに進むでしょう?

HINT

なんと、これは慶應幼稚舎で過去に出た問題。つまり、難しい知識はいらないわけです。

ヒントは、「ここは日本です」です。

Answer

B

解説 **実際の状況を想像すれば、答えにたどり着くことがで きる問題。**

A　　　　　　　　　　　　　　B

　一見答えにたどり着くことは難しそうですが、見えているバスの形に 注目すると、入り口と出口がありません。つまり、ドアは見えていない 側にあることがわかります。よって、Bの方向に進んでいることがわかり ます。

難易度
★★★★☆

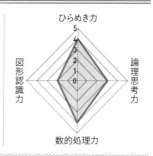

ひらめき力
5
4
3
2
1
0
論理思考力
数的処理力
図形認識力

男女の確率

ある夫婦には2人子どもがいる。
ひとりは男の子だとわかった状態で、
2人目の子どもが男の子である確率は?
ただし、女の子と男の子が生まれる確率は
同じだとします。

HINT

　答えは1/2ではありません。すべての場合を考え
てみると答えが見えてくるはずです。

Answer

1/3
1人は男の子である組み合わせは下の3通り。

1/3　　　　1/3　　　　1/3

3つとも同じ確率なので、男・男は1/3

解説　　**非常に間違えやすい確率の問題です。**

　単純に 1/2 だと思う方も多いでしょう。正解は「1/3」です。

　確率を考える際には、すべての可能性を列挙するのが大切です。ひとりの子が男の子だとわかっている中で、可能性がある子どもたちの性別のペアをすべて列挙しましょう。

　（1人目、2人目）といったように書くと（男、女）、（女、男）、（男、男）の3通りです。男の子と女の子が生まれてくる確率は同じですから、この3ペアを子どもとして持つ確率も同じです。

　ですから、1/3 の確率でこの3ペアのどれかであるということがわかります。

　この問題の肝は、「男の子であるのが、上の子か下の子か判明していない」というところにあります。追加情報も、うまく処理しないと扱えないことがわかりますね。

Question.50

難易度 ★★★★☆

ソファ問題

図のような、幅1mで直角の
曲がり角を持つ通路があります。
この角を
曲がりきることができるソファは、
どこまで大きいものが
考えられるでしょうか？

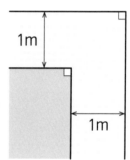

HINT

ソファ問題と呼ばれる有名問題です。まずは自分
のなかでイメージできた形を、実際に図に当てながら
うまく通れるか試してみてもよいかもしれません。

Answer

2.219m²以上の、黒電話の受話器のような形
（未解決問題です）

解説 **意外と簡単そうで未解決なソファ問題。**

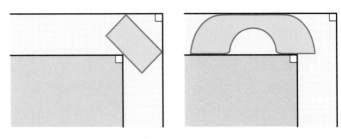

　左上の図のように、長方形のソファがくるりと回る様子が頭に浮かぶかもしれませんが、これが最大ではありません。現在わかっている最大の形は右のような形のソファ。しかし、実はこの問題「未解決問題」です。

　つまり、まだどんな数学者も一番大きな面積を出すことができていません。しかし、高々 2.37m² は超えないことはすでに証明されています。そんな問題出すなよ！と思うかもしれませんが、この解説を読むまで、この問題が未解決であるように感じたでしょうか。

　数学の問題の難しさは、その問題が身近にあるか、意味がわかりやすい問題か、などによって決まるわけではないのです。逆に言えば、そこが数学の魅力のひとつかもしれませんね。

難易度

★★★★☆

雨乞いのナゾ

ひらめき力

論理思考力

数的処理力

図形認識力

ある種族が雨乞いをすると、
かならず雨が降るといいます。
なぜ、このようなことが起きるのでしょうか。

HINT

　ちょっとしたひらめきが必要かもしれません。地域
はあまり関係ないです。そして、もしかしたらこれはあ
なたでも実現できるかもしれません。

Answer

雨が降るまで雨乞いを続ければよい

とんちぽさもありますが、こういう論理でだましてくる話もあるので要注意。

この問題の一番のポイントは「いつ雨が降るか書いていない」というところになります。

なので、雨が降るのは明日だろうと1年後だろうと、雨乞いを続けて雨が降れば、雨乞いが成功したということになります。

地球上でこれから一度も雨が降らない場所ではないなら、たとえ砂漠のど真ん中で雨乞いしたとしても、いつかは雨が降るので成功したということができます。もしかしたら、雨が降る頃には世代が変わっているかもしれませんが。

この回答は一見屁理屈に思えるかもしれませんが、数学は「当たり前」や「常識」のことでも、証明されたことや定義されたことでなければ使うことができません。

多分こうだよね？ とかが積み重なってきたときに根本的に間違っていたり、そもそも矛盾が起こることがないのは、これらのことをしっかりと守ってきたからこそです。

Question.52

ある
パーティーでの
男の推理

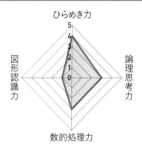

あるパーティーがあり、
そこで男は、ひとことこう言った。
「ここには、かならず同じ誕生日の人がいる」
なぜ男はそう思ったのでしょうか?

HINT

　実際のシーンを想像してもよいかもしれません。
　もし、パーティー会場に男含め2人しかいなかったら、男は「ここには、かならず同じ誕生日の人がいる」と言えるでしょうか?

Answer

そのパーティーには、367人以上の人が参加していたから

解説 **通称「鳩ノ巣原理」と呼ばれる立派な数学的な話です。**

答えは、「そのパーティーには、367人以上の人が参加していたから」です。さて、なぜ367人以上の人数が参加していると、かならず同じ誕生日の人がいることになるのでしょう。

ここで、数学で有名な原理を説明します。「鳩ノ巣原理」というものです。

鳩が10羽、鳩の巣が9個あるとしましょう。もしこの鳩たちがなるべくばらけて巣に戻ろうとしたとしても、巣は鳩の羽数より少ないので、どこかでかぶってしまいます。つまり、必ずどこかの巣には、2羽以上の鳩がいることになります。

この一見当たり前に感じる事実のことを、「鳩ノ巣原理」と呼ぶのです。

さて、今回の問題では鳩が参加者、鳩の巣が誕生日です。うるう年

を含め誕生日の候補は366日分しかありませんが、そこには367人以上いるためどこかの誕生日に2人以上生まれているというわけです。

　この一見何の変哲もない原理は、あらゆる数学の証明で使われています。数学は「当たり前を疑う」学問であるからこそ、「当たり前を大切にする」のです。

　ちなみに23人集まると、50%の確率で誕生日が同じ2人組が存在しています。そして70人なら確率は99.9%になります。そして人数が増えるごとに確率は上がり続け、367人になった時点で100%になります。

　ただしこの確率は「自分と同じ誕生日の人がいる確率」ではなく「誕生日が同じ2人組が存在する確率」なので注意しましょう。70人集まった時点で男の言っていることは99.9%の確率で合っていることになりますが、100%になるには367人以上という条件が必要になることが数学らしいですね。

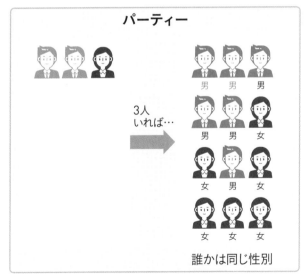

「鳩ノ巣原理」とは？

13 人いれば、「少なくとも 1 組は同じ○○である」といえる例を 3 つほど挙げてみましょう。

Answer

性別、血液型、誕生月、星座など

解説 種類が限られているものであれば、その種類 +1 でOK。

血液型の場合は、A 型、B 型、O 型、AB 型の 4 種類なので、5 人いれば必ず誰か 2 人は同じ血液型となります。

誕生月や星座だと 13 人、と考えることが可能です。

Question.53

難易度

○×ゲーム

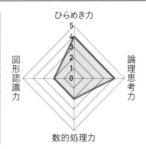

ひらめき力
図形認識力
論理思考力
数的処理力

「○×ゲーム」は先手と後手、どっちが有利といえるでしょうか?

《○×ゲームのルール》

❶先手は9マスの枠のなかのいずれかに○を書きます

❷後手は残りのマスのいずれかに×を書きます

❸交互に1マスずつ○、×を書き、先に縦、横、斜めのいずれか1列を揃えたら勝利です

HINT

この問題でのポイントは場合分けです。まずは先手がどこに○を置くかを考えて、そのときの後手の置き方を考えてみましょう。

後手がどう置いても先手が勝てる場合は、先手が強いということになります。

Answer

お互いが最善の手をとれば引き分けになるので、どちらが有利、ということもない

解説　子どものころに遊んだあのゲームの決着がついに。

子どものころには何度も挑戦したであろう「○×ゲーム」に関する問題です。実は、「○×ゲーム（三目並べ）」は「お互いに最善を尽くすと、必ず引き分けになる」という性質があります。例を挙げて考えてみましょう。

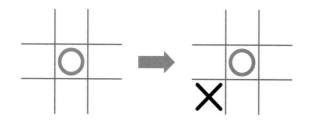

先手が真ん中を置いた場合、そのあと×は斜めの角の部分のどこかに置くことで、先手の先手必勝を防ぐことができます。

言い換えると、×が斜めの角に置いたあと、先手がどのように置いても×がうまく置いていくことで、引き分けに持ち込むことが可能なのです。

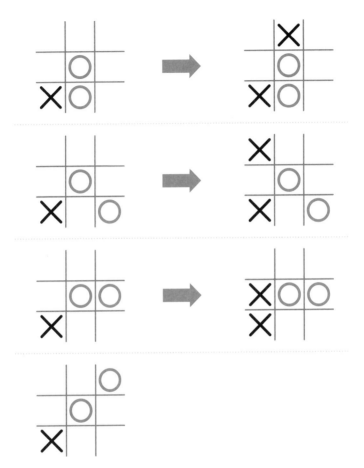

　図のように○の置き方は色々とあるのですが、どこに置いたとしても
×は引き分けに持ち込むことができます。つまり、実は有利不利は「数
学的には」ないことがいえます。

　もう少し厳密に証明するためには、先手が角に置いた場合や壁に置
いた場合についても引き分けに持ち込むことができることを調べる必要
があります。パターンこそ多いものの、地道に調べていけばうまく引き
分けに持ち込むことができるので、ぜひ自分で確かめてみてください。

展開問題

あなたは○で先手の立場です。後手が壁に×を書いた場合、そのあとどこに○を書けば勝ちに持ち込むことができるでしょうか。

Answer

相手が置いた×のすぐ横の角に置けばよい。すると、×の置く場所は自然に決まり、あとはすでにある○2つに隣り合う場所に○を書けば、勝利が確定します

解説　実際に書いて確かめてみましょう。

相手の×に並ぶように○を置くと、あなたは斜めにリーチができます。つまり、相手は次に×を置く場所が限られてしまうのです。なので、次にあなたがその○2つに隣接した壁の位置に○を置けば、2本のリーチができ上がり、必ず勝ちに持ち込めることがわかります。

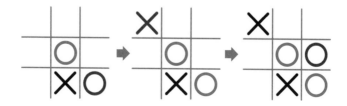

Question.54

難易度

かけ算の性質

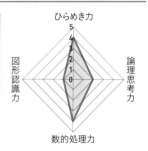

1 から 10 までをかけると、
下 1 桁の数は何になる?
1 から 10 までの奇数をかけると、
下 1 桁は何になる?

HINT

　1 つひとつ計算していくと、ある法則に気づけるは
ずです。

Answer

1から10までをかけると0
1から10までの奇数をかけると5

解説　1つひとつ計算していかなくても答えにたどり着けます！

　実際に掛けようとしてみたでしょうか。これまでの問題で、かけ算の値が爆発的に増える事実を目の当たりにしてきた皆さんなら、かけ算を実際に行うのはためらわれるでしょう。1から10までをかけ算することから考えましょう。

　1から9までの数をかけた数がどんな数だとしても、最後に10をかけると数字の末尾に0が1つつきますから、下1桁は0になります。

　次に、A＝1×3×5×7×9として、このAの下1桁を考えます。5以外の1、3、7、9はすべて偶数でなく奇数ですから、かけ算した値は奇数になります。すなわち1×3×7×9の下1桁は奇数になります。なぜならば、もし下1桁が偶数になったとしたならば、その数は2で割り切れることになりますが、これは1×3×7×9が奇数であることに矛盾してしまうからです。

　さて、この下1桁が奇数である1×3×7×9に5をかけたとき、下1桁がどんな奇数の値 (1、3、5、7、9) であっても、5をかけた結果の下1桁は九九の計算から5になります。従って、A＝(1×3×7×9)×5の下1桁は5となるわけです。
　同様に考えると、1から、5を超えたどんな数までのかけ算だとしても、下1桁は0になりますし、奇数だけのかけ算の下1桁は5になることがわかります。

Question.55

難易度

新幹線の
数学的理由

新幹線の座席が
2人席と3人席になっている
数学的理由は何でしょうか?

HINT

　実際に座った場面を想像してみてください。数学
的に嬉しい性質があります。

Answer

2人以上で乗る場合は、隣り合う人が必ず知り合いになるような座り方ができる

解説 身の回りに使われている数学の話の代表的な例。

　あなたが、友達を含め合計7人で旅行に行くとしましょう。2人席しかないバスでは、隣に友達が座っていない人が1人います。

　しかし、この新幹線では、2人席2つ、3人席1つを使えば、全員が隣に友達を座らせることができます。実はこれは、どんな人数の旅行でも成り立ちます。

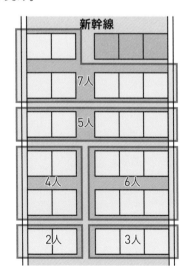

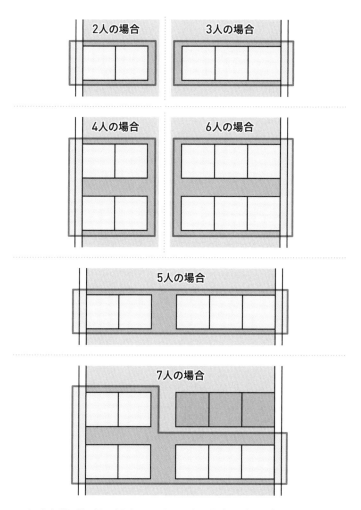

　合計人数が偶数の場合は、全員が2人席に座ればよいのです。もしそこまで2人席がない場合でも、3人席を2つ、または4つ、または6つ…というように偶数ペアずつ3人席を使い、残りは2人席を使えばちょうど合計で偶数人が座れます。合計人数が奇数の場合は、3人席を1つ、他の人たちは2人席に座ればよいことになります。

　もしそこまで2人席がない場合でも、3人席を3つ、または5つ、

または7つ…というように奇数ペアずつ3人席を使い、残りは2人席を使えばちょうど合計で奇数人が座れます。

　このように、どんな人数でも隣に友達を座らせることができるために、このような座席の作られ方になっているのです。

展開問題

　3人席、4人席がある飛行機の場合は、何人以上であれば知り合いだけが隣りに座るようにできる?

Answer

6人以上

解説　実際に書いて確かめてみよう。

　3人の場合や4人の場合はそのまま3人席、4人席に座ることができますが、5人となるとうまく座る組み合わせが作れません。6人なら3人席2つ、座れることがわかります。このように、6人以上の人数であればうまく座ることができるのです。

Question.56

A君とB君の
成績

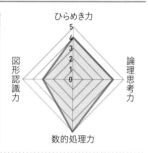

A君とB君があるテストを2回に分けて受けます。

何問で区切って受けてもよく、

それぞれ異なる区切りで解いたところ、

前半後半で以下のような結果になりました。

  A君：前半7割正解、後半4割正解

  B君：前半9割正解、後半5割正解

前半後半ともにB君のほうが正答率が高い、

という結果になりましたが、

最終的にはA君が優秀であると判断されました。

いったい何が起きたのでしょうか？

HINT

有名な問題の1つです。割合の問題は具体的な数を想像
して考えてみることが大切です。

Answer

2人が前半、後半に分けて解いた問題数が違っていたのでこのようなことが起きた

解説　シンプソンのパラドックス、という不思議な現象。

　具体例を1つ考えてみましょう。全体の問題数を110問とします。A君は前半に100問、後半に10問解いたとします。すると、A君の正解数は70+4=74問ですね。

　逆に、B君は前半に10問、後半に100問解いたとします。すると、B君の正解数は9+50=59問であり、結果的に、B君のほうがA君よりも劣る結果になりました。これは、実は至極当然の結果です。

　高校野球で考えてみましょう。

　高校野球人生で、100回打席に入った打率1割の選手は、10本のヒットを打っています。それに対して、一度しか打席に入ってない選手がその打席で1本のヒットを打ったとすると、その選手は打率10割の選手になります。果たして、打率10割の選手のほうが優秀でしょうか?

　そう言い切ることはできませんね。つまり、「割合を比べるのならば、全体が同じでないと意味がない」のです。A君、B君の例では一見全体110問が共通しているように見えますが、わかっているのは前半後半それぞれの割合であり、2人の前半後半の問題数は違います。ですから、部分的な正答率では劣っていても、結果的には正答率が逆転するということがあり得るのです。

難易度
★★★★☆

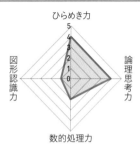

ひらめき力
5
4
3
2
1
0
論理思考力
数的処理力
図形認識力

1年で3歳、歳をとる?

一昨日は、19歳。

来年は、22歳。

さて、今日は何月何日?

HINT

実際にあります。思いつく日付と誕生日で色々と確かめてみましょう。

Answer

1月1日

直感的にはありえないことも、実際に起きるのです。

　一昨日は19歳。20歳になったばかりだとしても、来年22歳になるというのは、どういうことでしょうか。

　↓ 2パターン考えましたがどちらがわかりやすいでしょうか。

◆ パターン❶ ◆

　来年22歳になるということは、今年は21歳になる年だということです。ということは、今は20歳で、今年の誕生日はまだ来ていません。しかし、一昨日は19歳だったので、昨日が誕生日だったことになります。昨日の誕生日が去年であるということは、昨日の日付は12月31日、今日は1月1日です。

◆ パターン❷ ◆

　誕生日は昨日で、20歳になったとします。誕生日の翌日に年が変われば、その年は21歳になる年であるため、来年は22歳になります。ということは、その人の誕生日は12月31日で、今日は1月1日ということになります。

2021年		2022年				2023年			
12/30	12/31	1/1	…	12/30	12/31	1/1	…	12/30	12/31
19歳	20歳	20歳		20歳	21歳	21歳		21歳	22歳

Question.58

ギャンブル、ここからどれだけ取り返すことができる?

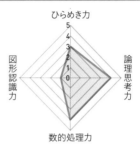

ひらめき力
論理思考力
数的処理力
図形認識力

50%の確率で勝てるギャンブルで
10戦して8勝2敗でした。
あと90戦して最終的に50勝50敗よりも
好成績になる確率は
50%より大きいでしょうか? 小さいでしょうか?

HINT

　50%の確率で勝てるゲームですので、100試合行った結果は50勝50敗になる…というわけではないのが現実です。ではこの場合はどうなるでしょう?

Answer

小さい

| 解説 | **いつかは取り返せる、という発想は危険。** |

　最初の時点では勝ち越せるかはもちろん五分五分になります。

　ですが 10 戦して 8 勝 2 敗なので、残り 90 戦では 48 勝 42 敗よりも勝たなければ勝ち越すことができません。

　90 戦して 45 勝以上する確率は 50% になりますが、48 勝以上する確率はそれよりも小さくなるので結果的に 50% よりも小さくなります。

　簡単な例でいうと、ジャンケンを 8 回して 3 勝 5 敗のとき、あと 2 回ジャンケンして 5 勝 5 敗になる確率は、2 連勝しなければならないので 25% になります。このように、いつどこでジャンケンをしても勝つ確率は変わりません。

　確率は考える場合によって変わったりするのが難しいですね。

Question.59

難易度

土地を仕切ろう

16匹の羊が4m×4m、
の柵のなかにいます。
4匹ずつに分けたいが、
タテヨコに仕切れば
8mの柵で仕切ることができます。
今、11mの柵を使って
うまく仕切る方法はあるでしょうか？

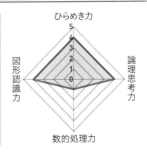

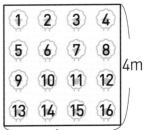

仕切りは
1mごとに置ける

HINT

まずは、適当に柵を並べてみて、何m分の柵になるかを考えてみましょう。そこから、11mになるように少しずつ調整していく…という方法で答えにたどり着くかもしれません。

153

Answer

下の図のとおり

解説 11 mという中途半端な柵の長さで仕切るのは意外
と難しい。

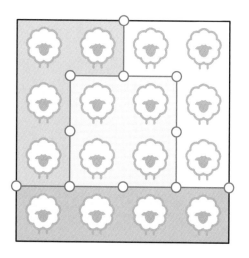

4つに分けるときに、適当に分けてみると偶数 m の柵を使用する場
合の切り方になることが多いはずです。11m という、奇数 m の柵の
使用の答えはこの答えのやり方しかなく、意外と作るのが難しいのです。

Question.60

覆面算で
頭の体操

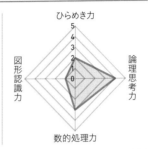

以下の文字には 1 から 9 の数字が 1 つずつ入ります。
以下の文字でできている式に
数字を当てはめていきましょう。

① SEND + MORE = MONEY
② GIVE × ME = MONEY
③ KYOTO + OSAKA = TOKYO

HINT

　有名な「覆面算」と呼ばれるパズルです。1 つ目
のヒントとなるのは「M」の部分。4 桁 + 4 桁が 5
桁になるということは、その時点で「M」の数字が確
定します。

Answer

① S E N D + M O R E = M O N E Y
  9 5 6 7 + 1 0 8 5 = 1 0 6 5 2

② G I V E × M E = M O N E Y
  1 0 9 2 + 7 2 = 7 8 6 2 4

③ K Y O T O + O S A K A = T O K Y O
  4 1 3 7 3 + 3 2 0 4 0 = 7 3 4 1 3

解説 **100 年前からある数学パズル。**

「覆面算」と呼ばれる計算パズルです。1 つひとつ数を当てはめながら答えを導いていきましょう。

1 つ目の問題の解き方のみ解説しましょう。まず注目すべきところは「MONEY」の「M」です。4 桁の数 2 つを足し算して、5 桁の数になっているということは、「M」は 1 であることがわかり、「SEND + 1ORE + 1ONEY」と書き換えられます。

続いて、「SEND」の「S」と 1 を足して繰り上がっているということは、3 桁目からの繰り上がりを加味しても「S」は 8 か 9 のみが考えられ、さらには「1ONEY」の「O」が 0 か 1 であることがわかります。すでに「M」が 1 とわかっているので「O」は 0 となります。

このように 1 つひとつ判明させていくことで、残りの文字も判明させていけます。ぜひ、残りの文字は自分でも確かめてみましょう。

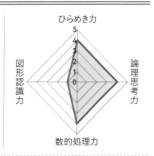

少なくとも
何連勝した?

将棋で 29 勝 1 敗の成績を
残した人がいました。
先手番と後手番それぞれの成績で見たときに
両方とも少なくとも何連勝しているでしょうか?

HINT

30 試合のうち、先手番になった回数と後手番に
なった回数は何回ずつかはわかりません。
仮に、後手番で 1 敗したとして先手番、後手番と
もに一番連勝数を少なくなるような試合構成を考えて
みましょう。

Answer

10連勝

解説 先手番が10連勝、後手番が10連勝のあと1敗、そのあと9連勝が最も連勝が少ない一例。

14連勝！が答えではないのです。残念ながら。

14連勝が答えになる場合は、先手番と後手番の成績を合算してみた場合です。ですが、この問題は先手番と後手番を別々にみています。先手番と後手番がそれぞれ何回かわからないと解けないじゃないか！という方もいらっしゃるかもしれませんが、実は最低何連勝しているかはわかってしまうのです。

まず、29勝1敗ということで、先手番か後手番どちらかは全勝していることがわかりますね。仮に先手番が全勝とした場合、後手番では1敗していることになります。

ではここで、先手番の連勝を最大にしつつ、後手番でも少なくとも何連勝しているか考えてみましょう。後手番では1敗していますが、最も連勝数が少ないようにするには真ん中で負けることになります（10勝1敗の場合、5連勝→1敗→5連勝が最も連勝数が少ない）。なので後手番数を2で割った数（小数点になった場合は繰り上げ）が、後手番での少なくとも連勝した数になります。そして先手番は、その連勝数になっていればよいわけなので、29を3で割り小数を繰り上げた数が10になります。

このように少なくとも先手番、後手番どちらかでは10連勝しているとわかります。

おわりに
〜制作スタッフより〜

　街中を歩いているときやご飯を食べているときなど、日常生活のなかでふと疑問に思ったことがそのまま問題になることもあります。今回は、そういった日常の「なぜだろう」を問題にしてみました。

（**渡邉 峻弘**　math channel スタッフ）

　算数・数学って将来役に立つの？という疑問を持ったかもしれません。算数・数学は、正しく活用すると、ちょっとしたことで少し得をする、人にだまされない、生活が面白くなるなど様々ないいことがあります。ぜひ、今回の問題で体験してみてください。

（**宇都木 一輝**　math channel スタッフ）

　身の回りにある物や世界の仕組みは、誰かの工夫によって作られてきました。その工夫のための技術の一つとして、算数・数学はたくさん使われてきました。算数・数学というフィルターを通して世界の見え方がガラリと変わる瞬間を、この本を通じて味わっていただけたらと思います。

（**西脇 優斗**　math channel スタッフ）

　食事のとき、買い物のとき、ゲームのとき、街中に出かけたとき、そしてもちろん、算数や数学を学んでいるとき。僕たちはふと、「おもしろい」「これは誰かに伝えたい」と思う算数・数学の魅力に出会います。「これってなんだと思う？」という投げかけを本書を通してみなさまに投げかけ、そしてそこに潜む面白い算数・数学の魅力を丁寧にまとめました。「こんなところに数学ってあるんだ」という感動を届けられたのなら幸いです。

（**横山 明日希**　math channel 代表）

■著者紹介

横山 明日希（よこやま・あすき）

早稲田大学大学院数学応用数理専攻修了。幼児から大人まで幅広く数学・算数の楽しさを伝える「数学のお兄さん」。

算数・数学の楽しさを伝える株式会社 math channel 代表、日本お笑い数学協会副会長。
（公財）日本数学検定協会認定 幼児さんすうシニアインストラクター。
『笑う数学』（KADOKAWA）、『理数センスを鍛える・算数王パズル』（小学館）等、著書・共著書多数。
最新刊は『笑う数学 ルート4』（KADOKAWA）、『文系もハマる数学』（青春出版社）。

■STAFF
渡邉 峻弘（math channel）
宇都木 一輝（math channel）
西脇 優斗（math channel）

■参考文献
最新数学パズルの研究（研究社）
数学パズル事典 改訂版（東京堂出版）
数学まちがい大全集（化学同人）

編集協力／ミナトメイワ印刷(株)、(株)エスクリエート
デザイン／(株)アイエムプランニング
カバー／cycledesign

日常は数であふれている
解き続けたくなる数学

2021年5月1日　初版第1刷発行

著　者　横山明日希

発行者　廣瀬和二

発行所　株式会社日東書院本社
　　　　〒160-0022
　　　　東京都新宿区新宿2-15-14 辰巳ビル
　　　　TEL 03-5360-7522（代表）
　　　　FAX 03-5360-8951（販売部）
　　　　URL http://www.TG-NET.co.jp
振　替：00180-0-705733

印刷・製本　図書印刷株式会社